U0941435

图书在版编目(CIP)数据

100种水用具/王培君主编. —南京：河海大学出版社，2009.3

(水文化教育丛书/郑大俊，鞠平总主编)

ISBN 978-7-5630-2547-3

Ⅰ. 1…　Ⅱ. 王…　Ⅲ. 水—生活用具—简介　Ⅳ. TS976.8

中国版本图书馆CIP数据核字(2009)第042842号

书　　名	100种水用具
书　　号	ISBN 978-7-5630-2547-3/TS·1
责任编辑	朱婵玲
特约编辑	刘德友
责任校对	许晓波　刘书含
装帧设计	南京千秋企划广告有限公司
出　　版	河海大学出版社
发　　行	江苏省新华发行集团有限公司
地　　址	南京市西康路1号(邮编:210098)
电　　话	(025)83737852(行政部) (025)83722833(发行部) (025)83786934(编辑部)
排　　版	南京理工大学印刷厂
印　　刷	南京工大印务有限公司
开　　本	750毫米×1020毫米　1/16
印　　张	16.25
字　　数	275千字
版　　次	2009年7月第1版
印　　次	2009年7月第1次印刷
定　　价	680.00元/套(共10册)

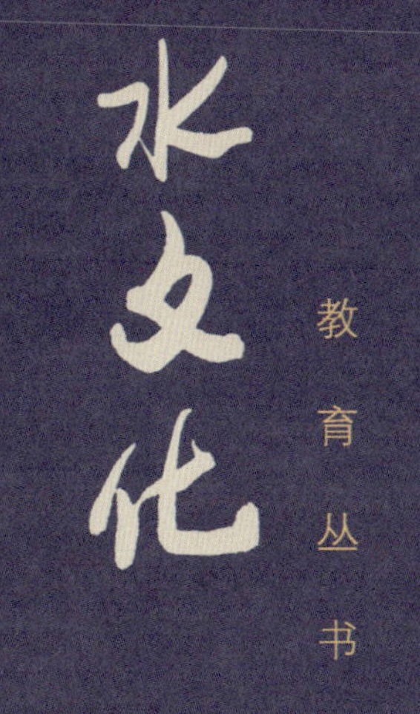

总策划

张长宽

总主审

林萍华

总主编

郑大俊　鞠　平

副总主编

吴胜兴　王如高　李乃富

100种/水用具

主编 王培君
副主编 戴玉珍 贺杨夏子

弘扬先进水文化，促进水利事业又好又快发展

——《水文化教育丛书》序言

文化是民族的血脉和灵魂，是国家发展、民族振兴的重要支撑。一个民族的文化，凝聚着这个民族对世界和生命的历史认知和现实感受，积淀着这个民族最深层的精神追求和行为准则。党的十七大把文化建设摆在更加突出的位置，对兴起社会主义文化建设新高潮、推动社会主义文化大发展大繁荣作出了全面部署。先进水文化是中华优秀文化的重要组成部分。弘扬和建设先进水文化，为水利事业又好又快发展提供文化支撑，是摆在我们面前的一个重大而紧迫的课题。

我国是一个拥有悠久治水历史的国家，在中华民族五千年文明史中，我们的祖先创造了光辉灿烂的水文化。这些文化，有的以物质形态存在，如都江堰、大运河、坎儿井等举世闻名的水利工程，以及水利工程技术、治水器械工具等物质产品；有的以

制度形态存在，如以水为载体的风俗习惯、宗教仪式、社会关系和社会组织、法律法规；有的以精神形态存在，如对水的认识、有关水的价值观念、与水相关的文化心理和文化特征等。这些璀璨的水文化，已经深深熔铸在中华民族的血脉之中，成为民族生存发展和国家繁荣振兴取之不尽、用之不竭的力量源泉。

新中国成立之后，党和国家领导人民进行了规模空前的水利建设，取得了辉煌的成就。特别是1998年特大洪水以后，水利部党组认真贯彻落实科学发展观，按照全面建设小康社会和构建社会主义和谐社会的要求，根据中央水利工作方针，认真总结经验教训，尊重基层和群众的实践创造，与时俱进地提出了可持续发展的治水思路，进行了一系列卓有成效的探索，开启了水利实践的新征程，为水文化建设注入了新的时代内涵。人与自然和谐的治水理念、以人为本的治水宗旨，扬弃了我国传统的治水文化观念，体现了科学发展观的要求；一大批水利水电工程的建设，有力地保障了经济社会发展，激发了民族自豪感，为当代和后人积累了宝贵的物质和精神财富；水利科技创新的突破，水利信息化的推进，显著提升了我国水利的科技含量和现代化水平，武装和改造了传统水利；节水防污型社会建设的深入开展，依法治水的不断推进，促进了传统治水方式和水管理制度的深刻变革；"献身、负责、求实"的水利行业精神，"万众一心、众志成城，不怕困难、顽强拼搏，坚韧不拔、敢于胜利"的伟大抗洪精神，体现了民族精神的精华，丰富了时代精神和社会主义核心价值体系的内涵。这是水文化传统与新时期水利实践相结合的丰硕成果，必将永远激励着我们不断奋斗前进。

当前和今后一个时期，是全面建设小康社会的关键时期，也是传统水利向现代水利转变的关键时期。我们要把科学发展观的根本要求与可持续发展的治水思路的探索实践结合起来，把全面建设小康社会的宏伟蓝图与水利发展的长远目标结合起来，把人民群众过上更好生活的新期待与水利工作的着力点结合起来，进一步增强水利对经济社会发展和改善民生的保障能力，不断创造无愧于时代要求的先进水文化，推动社会主义文化大发展大繁荣。要深入挖掘和弘扬传统水文化的丰富内涵，努力在继承优秀水文化传统的基础上铸造先进水文化；要善于从当今时代波澜壮阔的水利实践中汲取新鲜养分，努力展现先进水文化鲜明的时代特征和强烈的时代气息，更好地适应水利发展与改革的需要；要把培育和弘扬水利行业精神作为建设先进水文化的重要任务，努力把先进水文化更好地融入社会主义核心价值体系之中，激发广大水利干部职工投身水利实践的热情和干劲。

弘扬和建设先进水文化，要坚持研究与教育相结合、普及与提高相结合、继承与创新相结合，向全行业、全社会展示水文化研究成果，普及水文化基本知识，开展水文化宣传教育，不断推动水文化建设在服务水利发展与改革中取得新的实效。我们很高兴地看到，河海大学充分发挥学科优势和学术实力，组织了一批专家、学者，从水利名人、江河湖泊、咏水诗文、城市与水、水工程、水灾害、水用具、水景观、水传说、水歌曲等诸多方面，精心梳理、深入挖掘、全面概括千百年来人类水文化的积淀，编写了《水文化教育丛书》。这套丛书系统地介绍了优秀的传统水文化，宣传了可持续发展的治水思路，展示了水利发展与改革成就，彰显了水利精神，是水利宣传的良好平台、文化传播的优秀载体。希望以《水文化教育丛书》的出版为契机，把水文化的研究和建设推向一个新的阶段，拓宽水利视野，更新治水理念，弘扬水利精神，推进传统水利向现代水利转变。同时也希望通过广泛而深入的水文化教育，呼唤全社会进一步关注水、珍惜水、爱护水，关心水利、支持水利、参与水利，共同谱写水利发展与改革的新篇章。

陈雷

二〇〇八年三月廿八日

前　言

根据达尔文的进化论推断，人类的远祖先是在海洋中生活，继而水陆两栖，再逐渐陆生，并慢慢由爬行到直立行走。追根溯源，人类起源于海洋。这似乎注定了人类生活离不开水。人类择水而居，人类文明的创造、人类文化的发生发展，总是与水有着深厚的渊源。在人与水的相处交往中，人类发明了各式各样的用具，创造了各种各样的方法，兴水利除水害，与水结成了复杂多元的人水关系。人水关系的发展、衍变，始终以水用具的发展、衍变为媒介。水用具的发展史，其实也就是一部鲜活生动的人水关系史。

水用具是人们在用水、治水、亲水中使用的用具、机械、仪器和设备的总称。人类前进的脚步有水用具的伴随，水用具是人类文明的物证。人类从蒙昧到野蛮到文明一步步走来，每一步都在水用具上面刻下了发展的烙印。水用具是人类文化的物化形态，是水文化的重要载体。正是因为水用具在历史中具有重要的地位，在生活中使用十分普遍，所以我们组织编写了这本《100 种水用具》，作为水文化教育系列丛书之一，供读者参考。

水用具的历史悠久，种类繁多，使用广泛，如何在这繁多的水用具中选择出 100 种来加以集中展示，是我们碰到的第一个难题。出于开展水文化教育的初衷，我们对此进行了界定：一是远今近古，比如现代军舰、洗脸盆等尽量少介绍或不介绍，而腰舟、翻车等就要多费点笔墨。二是注重文化内涵，比如承露盘，数量极少而且用途单一，但因其与重大历史事件相关，富有丰厚的文化底蕴而入选。三是注意介绍水文化的衍生文化，例如酒文化、茶文化，我们在饮水用具中对酒器和茶具进行了介绍。考虑到水崇拜的问题，我们还辟出了专门的一章介绍镇水用具。四是注重抢救性介绍，比如蓑衣，在上个世纪末甚至今天的某些偏远地区还在使用，但已逐渐淡出人们视野的这类水用具要特别注意挖掘。

水用具的种类繁多还表现在使用领域不同、使用目的不同、制造材料不同等等方面，为了方便读者的阅读，我们按照人类制造各种水用具的目的来划分，将 100 种水用具分别按照渡水用具、盛水用具、饮水用具、提水用具、治水用具、镇水用具、防水用具、嬉水用具、水动工具进行归类，分九个篇章加以介绍。

具体到每一种水用具的介绍，我们大概是按照这种水用具的性质、形制、工作原理、产生年代、主要特点、作用和用途，以及相关典故、传说、文学描写等方面加以展开，并都配上了相关的图片说明，力求形象生动、具体直观。

本书相关内容前人已进行了林林总总的研究，但大多列于农业生产工具、中华传统习俗等研究领域。从水文化的角度入手，通过水用工具的罗列来展示我国丰富水文化的相关文献还很少看到，这也算是我们的一点贡献吧。

本书从提出构思到基本成型历时一年，在这样短的时间内，要从浩如烟海的历史典籍和前辈研究中理出一个思路，并按照编委会的格式要求编辑成册，困难可想而知。在此要感谢编委会全体成员，前后共讨论七次，特别在太湖还组织了开题报告会；感谢水利文协组织召开的全国第五次水文化研讨会，研讨会上领导和专家的发言给了我们编辑的动力和写作的灵感；感谢邰静、沈莉、吴富伟、汤鸣鸿、宋强、李海峰、伊晓奕、从政，他们帮助搜集了大量资料；感谢现代网络技术的发达，它提供了大量的基础性资料，特别是一些难以寻觅的图片；当然更应该感谢那些从事水文化、水用具以及中华民俗文化等方面研究的前辈学人，是在他们前期大量精细研究的基础上，才有了我们的集中展示。

尽管我们十分地努力，但因水平所限，本书还存在很多的不足，甚至还有可能是差错，我们衷心地希望有缘人能够给我们提出宝贵的意见。“上善若水，水善利万物而不争”，希望这本小书能够在水文化教育的领域里释放芬芳。

编　者

2008 年春

目　录

叁 饮水用具

肆 提水用具

伍 治水用具

陆 镇水用具

柒 防水用具

壹 渡水用具

>>>

河流孕育了人类文明，但宽广的河流、浩瀚的湖泊也同时限制了人们的活动范围，人们盼望有一种水上工具能征服江河湖海。“古者观落叶因以为舟”，“见窍木浮而为舟”，人类祖先从自然现象中得到了启发，逐渐有意识地利用漂浮的树木和芦苇等天然物体，帮助人们涉水渡河。为了平稳地浮在水面上，于是想出用两根、三根或更多的树木捆绑在一起的主意。最后，人们根据圆木和芦苇能浮在水面上的原理，制作了类似于筏或船的水上交通工具。所以说，船的发明不是哪一个人的创造，而是人类集体智慧的结晶。

一苇渡江

■传说,达摩是天竺国香至王的第三个儿子,自幼拜释迦牟尼的大弟子摩诃迦叶之后的第二十七代佛祖般若多罗为师。达摩学成后,遵照师父的嘱咐,驾起一叶扁舟,乘风破浪,漂洋过海,用了三年时间,历尽艰难曲折,来到中国传化。

有一天达摩急着过江,停立江岸,只见水域茫茫,既没有桥,也没有船,连个人影也不见。这怎么过江呢?达摩十分焦虑。谁知"天无绝人之路"。正在这无可奈何之际,达摩突然发现岸边不远的地方坐着一位老太太,身边放了一捆苇草,看样子好像也是在等船过江。

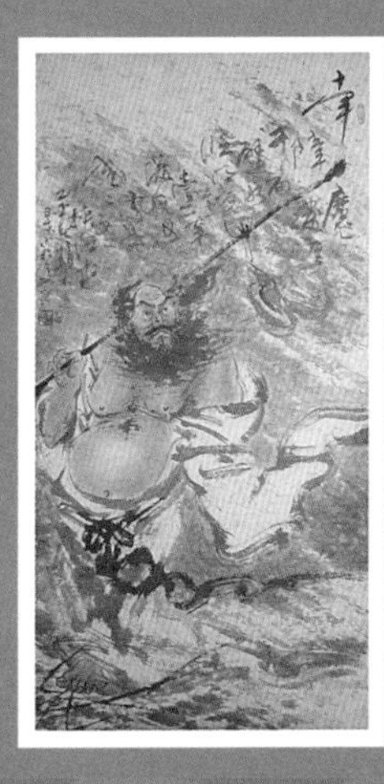

于是他迈步走上前去,恭恭敬敬地向老人施了一礼,说道:"老菩萨,我要过江,怎奈无船,请您老人家化棵芦苇给我,以便代步。"老人抬起头来,随手抽出一根芦苇与达摩。达摩双手接过芦苇,向老人告谢而去。及至江边,他把芦苇放在江面上,只见一朵芦苇花,昂首高扬,五片芦叶,平展伸开,达摩双脚踏于芦苇之上,飘飘然渡过了大江。

达摩过江以后,手持禅杖,信步而行,见山朝拜,遇寺坐禅,北魏孝昌三年(公元 527 年)到达了嵩山少林寺。达摩看到这里山色秀丽,环境清幽,佛业兴旺,人们谈吐文雅,于是,他就把少林寺作为自己落迹传教的道场,广集僧徒,首传禅宗。自此以后,达摩便成为中国佛教禅宗的初祖,少林寺被称为中国佛教禅宗祖庭。

古人有诗赞曰:路行跨水复逢着,独自凄凄暗渡江。日下可怜双象马,二株嫩桂久昌昌。

1. 腰舟

人类祖先的生活时时刻刻都离不开水，看到水里的鱼想捕获，遇到江河想渡过去，洪水泛滥时要逃命，采集的食物或猎获物需要运输……人们盼望有一种水上工具能征服江河湖海。实践使人们增长了智慧，观察自然现象使人们受到启发。"古者观落叶因以为舟"，"见窍木浮而为舟"。可以设想，远古时代，洪水泛滥，有的人抓住一根漂浮的断木，幸免于难。之后，人们逐渐有意识地利用漂浮的天然物体，如树木和芦苇，帮助人体涉水渡河。为了平稳地浮在水面上，于是想出用两根、三根或更多的树木捆绑在一起的主意。最后，人们根据圆木和芦苇能浮在水面上的原理，制作了类似于筏或船的水上交通工具。

葫芦，也叫瓠瓜，是天然密封物，它成熟时密度很小，且轻巧结实，在水中的浮力很大，所以很早就成为人类的渡水工具。这种工具被称作葫芦舟，又称腰舟。《庄子·逍遥游》中说："今子有五石之瓠，何不虑以为大樽，而浮于江湖？"陆德明《经典释文》引晋司马彪之说释之曰："樽如酒器，缚之于身；浮于江湖，可以自渡。虑，犹结缀也。案所谓腰舟。""瓠"也写作"壶"，《鹖冠子·学问》中说："中河失船，一壶千金。"宋代陆佃解云："壶，瓠也，佩之可以济涉，南人谓之腰舟。"从这些文献上看，葫芦在先秦时期首先是重要的水上工具。《诗经·国风·邶风·瓠有苦叶》中说："瓠有苦叶，济有深涉。深则厉，浅则揭。有弥济盈，有鷕雉鸣。济盈不濡轨，雉鸣求其牡。雍雍鸣雁，旭日始旦。士如归妻，迨冰未泮。招招舟子，人涉卬否。不涉卬否，卬须我友。"瓠瓜，在这首诗里是引申一个站在河岸边上的年轻女子，等着迟迟未到的爱人，心里怅然道："我的爱人还没有到我身边来啊！"可见，当时葫芦八月叶枯成熟后，常被人挖空用来作渡水工具。

腰舟直至今天还有其踪迹，2007 年 6 月黎族渡水腰舟（图 1.1）和润方言黎族民歌、老鼓舞、制陶技艺等 4 个项目被海南白沙黎族自治县列为该县首

批非物质文化遗产保护名录。白沙溪河众多，腰舟是当地黎族传统的渡水工具。人们过河时，把衣服脱下来放进葫芦里，然后把口封住，人则抱着这个葫芦，抓着外面的藤条凫过河。现在山西省的南部也有人将葫芦搭成船渡河。台湾高山族则有骑葫芦过海的壮举。

图 1.1

葫芦除可以用作舟具之外，还有其他用处：①盛水工具，我国古代以葫芦为水瓢。②烟具，旧时北京流行水烟袋，又称葫芦烟袋，就是用葫芦制成的。③用它保存药物，确实比其他质地的容器如铁盒、陶罐、木箱等更好，所以常用作药壶。④葫芦还可以用来做农具，是农业生产中较常用的一种播种工具。⑤火器，也叫火葫芦。

在中华民族悠久的历史和灿烂的文化中，葫芦被很多民族认为是人类的始祖而崇拜。由于“葫”与“福”字谐音，民间常以其象征吉祥；每个成熟的葫芦里葫芦籽众多，人们就联想到“子孙万代”，繁茂吉祥；葫芦谐音“护禄”、“福禄”。在神话和历史故事里，葫芦常与神仙和英雄为伴，象征子孙万代繁荣昌盛，被认为是能给人类带来福禄、驱魔辟邪的灵物。

2. 筏

用藤条、绳子将几根树干或竹子绑扎成片状的漂浮物，就叫作筏（图2.1）。它是用简单的石头工具加工制造的，早于独木舟而出现，使用的时间也最长，至今仍然到处可见。

图 2.1

筏子脱胎于浮具，是浮具发展的必然结果，是远古时期人类的渡水工具之一。一开始人类只会手扶木段、手持树枝或腰缠葫芦等简单漂浮物凫水，后来人们尝试把一些漂浮物捆起来制成筏，如竹筏、木筏、草筏等，进而用手工把竹篾编成浮篮，四周用泥封堵形成与水隔绝的封闭空间，后来又有以树皮或兽皮制作成内有骨架的柳条舟或兽皮舟。旧石器晚期出现了新的切削手段，且许多地区的居民已学会人工取火，使制造独木舟成为可能。到了新石器时期，盛产林木的地区已普遍使用独木舟。

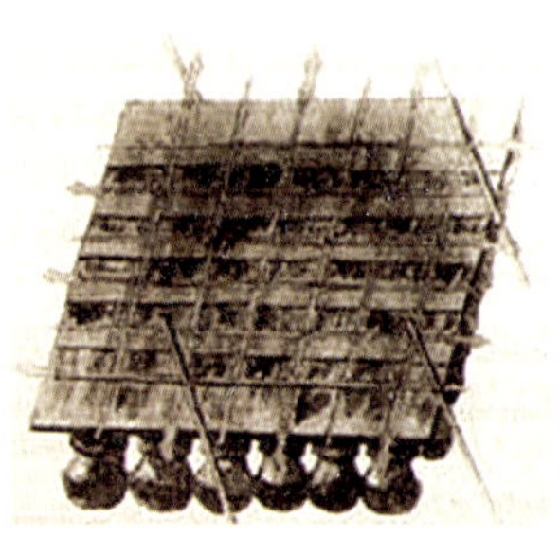

图 2.2

筏子从诞生之日起，就是人类生产、生活、交通以及战争的重要工具之一，在历史上发挥过非常重要的作用，中国的某些边远地区至今还把筏作为一种水上交通工具在使用。对于筏，国内外有不少关于它的考古发现和史料记载。图2.2 为魏信军渡河时用的木罂，就是一种筏子。史书记载，汉王刘邦二年（公元前 205 年），韩信伐魏王豹，阵船欲渡，临晋而伏兵，从夏阳以木罂渡军。

流行于江南广大地区的竹筏，已有近2 000年的历史。竹筏是用真竹配加刺竹捆扎而成，小筏用5～8根竹，大筏用11～16根。一般长约3丈，宽数尺。竹子细端做筏头高高翘起，粗端做筏尾平铺水面。制作竹筏时，先用刀削去竹子的表皮，将细的一端放在火上烤软，按一定尺寸将其扳弯，呈弧形，以做筏头。然后涂上防腐汁液，干燥后再涂上多层桐油或沥青以防腐。组搭时，先扎好支架，在上面排好竹材，一人在上一人在下用藤条绑紧扎牢即可。竹筏浮力强，吃水浅，在水上行驶平稳安全，无论大筏小筏均由一名艄公点篙撑驾。竹筏又具有就地取材、制作简便的优点，故历来是江南水上的重要运输工具。同时，古朴原始的小竹筏也构成江南水乡独具特色的景致。上世纪80年代中期，中国浙江、福建、广西旅游部门相继启用竹筏，在风景如画的江面上开展漂流活动(图2.3为福建武夷山景区的竹筏)。

图 2.3

原始人类在寻求发展水上运输途径时，曾陷入左右为难的窘境。那时，人们必须在两种渡水方式中进行选择：一种方式是将原始的芦苇筏改进成为用藤萝或兽皮条把树枝或树干捆扎在一起的新型筏子；另一种方式是设法将树干两端削尖，中间挖空成为独木舟。这两种方式各有利弊：筏子尺寸比较容易增大以携带更多的物品，但是在水上推进和操纵它却比较困难，同时，还无法保证货物免遭浸湿之虞；树干制成的独木舟水密程度很好，也易于推进和操纵，但是其运载能力却比较小，同时，稳定性也不够理想。正因为如此，独木舟虽然更类似于今天的船只，但是在改进和发展这些古老船型的过程中，并不见得原始人类只选择独木舟，而不用筏子。一些迹象表明，原始人类很可能在不同的场合，因地制宜地采用相应的原材料，来同时发展独木舟和筏子。虽然许多小船保留了这一时代各自原始而又古老的痕迹，但是，最终这两者的分界线却渐渐模糊起来了。

3. 独木舟

独木舟是人类最古老的水上交通工具之一，也是舟船的直系祖先。它利用木质比水轻和挖空木材以增大浮力的原理，来提高载重量，并克服了筏会浸水的缺陷。独木舟也沿用了很长时间，在一些少数民族地区，至今还能看到。

原始的渡水工具有葫芦、皮囊和筏。筏以其尺度大和承载量大的优势，不仅适用于大江、大河，也适用于海上漂流。人利用葫芦、皮囊泅渡，难免大半身要浸入水中。即使使用筏，也因其贴近水面，难免被水淹浸。独木舟的出现是渡水工具的一项重大突破。独木舟与筏相比有显著的优点，即独木舟可提供相当的水密空间，乘舟人和所携带的货物都可避免被水淹浸。独木舟还具有一定的干舷，即有一定的储备浮力。它不仅可适应载重量的增减，还能承受一定强度的波浪的冲击。独木舟是真正意义上的舟船。与许多航海国家一样，中国也发现有许多古代的独木舟遗存物，中国是最早制造独木舟的国家之一。

旧石器晚期，由于掌握了火的使用方法，人类开始制造独木舟。传说中国古代大禹治水时，就曾在用直径 2 米多粗的大树制成的独木舟上指挥治水。到目前为止，考古工作者在国内外已先后发掘出数十条夏商至宋元历代制造的独木舟。图 3.1 为 1976 年在广州化州县石宁村出土的 6 条独木舟。据测定断代为距今 1745(±86)年的东汉时期。其中三号舟最大，但残破过甚。二号舟最小，但保存较好。二号舟长 500 厘米，中部宽 50 厘米，深 22 厘米。舟内有金属工具砍凿过的痕迹，两弦内侧有 7 道左右对称微微突起的木

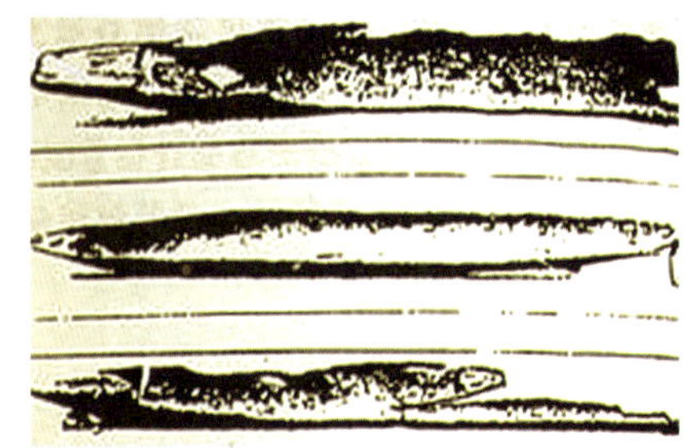

图 3.1

棱，将全舟分为 8 个隔断，但隔断间大小不等。舟首右侧有裂缝，用 H 形木榫接合。

我国古代独木舟的形制，大致有三种：一种头尾均呈方形，不起翘，接近平底；一种呈头尖尾方形，舟头起翘；一种头尾均呈尖形，两头起翘。从舟体外形变化来看，第一种应属时代较早的一种，随着行驶经验的积累，人们认识到舟头部尖形比方形省力，且速度快，于是出现第二种形制，继而产生了第三种形制。

独木舟的优点就在于一个"独"字，舟身浑然一体，严整无缝，不易漏水，不会松散，而且制作工艺简单，所以沿用的历史很长。筏子与独木舟的相继出现，是人类开拓水域交通迈出的第一步。有了它们，人类的活动范围便从陆地扩大到水上，人类从此可以跨江渡河，使地域上的阻隔不再那么难以克服。几千年来，由于生产的发展和社会的进步，独木舟已为其他船艇所替代。但是在一些边远偏僻地区，独木舟仍有其独特的生命力，如南太平洋的萨摩亚群岛人、哥伦比亚的海达人、加拿大的印第安人，以及我国西藏、云南、广西等一些少数民族地区至今仍在制造和使用独木舟，并且还经常组织民间的独木舟竞渡比赛。图 3.2 为云南泸沽湖摩梭人使用过的独木舟。

图 3.2

4. 羊皮筏

图 4.1

羊皮筏子俗称“排子”，是一种古老的水运工具。多用羊皮制成，具有轻便和不怕碰撞的特点，适合在水流湍急、礁多滩浅的河道使用，一般用于顺流运输。它由十几个气鼓鼓的山羊皮“浑脱”并排捆扎在细木架上制成，小筏用皮囊十几只，大筏用数百只，纵横排列，上面用木架绑扎而组成长方形皮筏，载重量由数百斤至十余吨不等。《水经注·叶榆水篇》载：“汉建武二十三年（公元47年），王遣兵乘船（即皮筏）南下水。”《宋史·王延德传》载：“以羊皮为囊，吹气实之浮于水。”从这些典籍记载中，可以看出我国的皮筏历史悠久。

皮筏可能比使用葫芦（腰舟）更晚些时间，大致在人类可以饲养牲畜以后。葫芦和皮筏，虽然都是原始的浮具，但是葫芦可取自自然界，而制作皮筏的皮囊则须人工制造。制造皮筏，显示出人类已经有了关于物体浮性的认识。当人们了解到浮具与自己生活需要的关系后，才可能有制造浮具的主观行动。从利用自然浮具，到人工制造浮具，这是人类的又一大进步。

古人缝革为囊，充入空气，作为泅渡用具。在唐代以前，这种用具被称为“革囊”。到了宋代，皮囊是宰杀牛、羊后掏空内脏的完整皮张，不再是缝合而成，故改名为“浑脱”。浑做“全”解，脱即剥皮。人们最初是用单个的革囊或浑脱泅渡，后来为了安全和增大载重量，而将若干个浑脱相拼，上架木排，再绑以小绳，成为一个整体，即现在的皮筏。

制作羊皮筏子，需要很高的宰剥技巧，从羊颈部开口，慢慢地将整张皮

囫囵个儿褪下来，不能划破一点地方。将羊皮脱毛后，吹气使皮胎膨胀，再灌入少量清油、食盐和水，然后把皮胎的头尾和四肢扎紧，经过晾晒的皮胎颜色黄褐透明，看上去像个鼓鼓的圆筒。用麻绳将坚硬的水曲柳木条捆一个方形的木框子，再横向绑上数根木条，把一只只皮胎顺次扎在木条下面，皮筏子就制成了。羊皮筏子体积小而轻，吃水浅，十分适宜在黄河上航行，而且所有的部件都能拆开之后携带。

羊皮筏子是黄河上游的主要运输工具。羊皮筏子虽利于破浊浪、过险滩，却只能顺流而下，不能逆流而上，有“下水人乘筏，上水筏乘人”之说，所以已经逐渐被淘汰。然而羊皮筏子有节约能源、保护环境、视野开阔等优点，如能乘坐羊皮筏子顺流观景，也是一种难得的乐趣。羊皮筏子浮力极好，容易操作控制，遇上湍流时快如飞箭，给人飞流直下的痛快感。长途漂流要用大筏，游人可在筏子上走动，乘上它可在黄河里漂流半天到两天的时间，一路欣赏黄河上的壮美风光。

图 4.2

5. 牛皮船

牛皮船，是青藏高原和川西藏民的水上运载工具，藏语称“果哇”。外壳用整张牛皮缝制而成，内以木杆骨架支撑。适合在多激流浅滩的江河上顺流航行或横渡，船体甚轻，出水后一人即可扛负。

牛皮船的起源最早可以追溯到吐蕃时期，在布达拉宫和桑耶寺的壁画中都可以找到牛皮船早期的身影。牛皮船的记载最早见于《旧唐书》卷197《东女国传》：“其王所居名康延川，中有弱水南流，用牛皮船以渡。”雅鲁藏布江特殊的地域是造就牛皮船的客观条件，雅鲁藏布江自北向南把平畴沃土金川一分为二，河流终年流量大，且河面宽阔，建桥难，架索也难，若用木船，庞大笨重，还必须选择固定的口岸。形势所迫，牛皮船应运而生。

吐蕃时期的牛皮船是圆形圆底的，估计只相当于现在牛皮船的一半大小，船内最多也就能容纳四到五人。清人李心衡在《金川锁记》中这样描述：“用极坚树枝作骨，蒙以牛革，形圆如锅。一人持桨，中可坐四五人，顺流而下，疾於奔马，顷刻达百里。”近代牛皮船从侧面看是梯形的(图5.1)，形状像北方小孩穿的虎头鞋，上面小下面大，通常是用四张整牛皮缝制而成，船底部面积比早期的牛皮船要大很多，一只船可以承载七八个人。在使用上，现今的牛皮船比较灵活，可以用多只船组合成一艘大船，以便运载更多的货物和乘客过河，不过船夫也要多找几个帮手才可以。一只牛皮船的重量一般只有十几斤重，一个人背上就可以走，不用时竖起来支撑在地上还

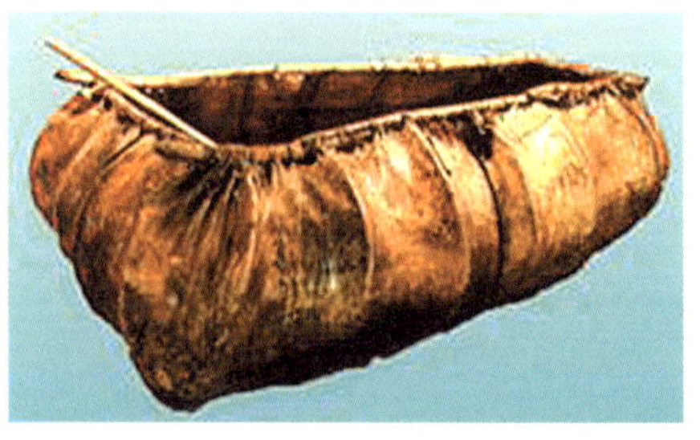

图 5.1

可以遮挡阳光。

牛皮船之巧，是任何舟楫都无可比拟的。其底部为整张牛皮（不能拼接），周围用三至四片牛皮拼接而成，缝合后用子胶填缝防水，牛皮船外部还需经常打蜡，以保持船能够经久耐用。船的骨架是用柏树枝条或一种叫“对节子”的灌木枝条扎接而成，一般直径有 2～3 厘米，共有三道圈，一般情况下，吃水线在一道至二道圈之间，超过二道圈载重量就很大了。行驶时，船夫双脚紧蹬船底的骨架，双膝微曲抵靠船围，双手执桨，左右拨水，只有在风口浪尖或激流险滩时，才奋力直插几桨。无论一人、两人或五人、六人均可乘坐，但必须成对称保持平衡，最大的牛皮船承载量可达千斤。

乘坐这种船必须保持前轻后重，否则会被风浪掀翻。到岸后船夫们把船从河中拖上岸，用一根横木拦上，背起它返回上游的出发点（图 5.2）。每只船上都带有一只羊，下水时，主人把它放在船上，从陆地返回时，它替主人驮上吃食用具——牛皮船只能顺水行舟。“船钱船钱，过后不言”，先交钱后上船是规矩。上船也有讲究，必须与船夫面对面而上，这样双方互相搀扶，既安全又保险。上船后，谁坐什么位置，由船夫安排。“坐着不要动”，这是乘坐牛皮船的戒律。

图 5.2

清人李心衡欣然作诗：“春水桃花激箭流，截江一叶晓风遒。皮船曾触惊涛险，炊黍时中百里流。”可见牛皮船在大金川江上无与伦比的实用性和强烈的视觉冲击力。如今在雅鲁藏布江上，时可见到一队队捕鱼的牛皮船，在撒网捕鱼；在年楚河上，也可见到牛皮船成队顺流而下，运载粮食和日用品；在各个大小渡口，还专门有船夫用牛皮船渡人。

6. 桦皮船

桦皮船，又叫“桦皮威虎”、“快马子”，鄂伦春、鄂温克、赫哲等族的民间水上交通工具。流行于黑龙江、乌苏里江、松花江等流域。形狭长，无头尾之分，前后均可行驶，船体纤小、轻巧，只需手指勾住船上的坐板，就可以将船从水面轻轻地提起来，所谓陆行载于马上，遇水用于渡河。多被用作狩猎和交通工具，鄂温克族语叫“佳鸟”，赫哲族称“乌莫日沉”。

桦皮船的制作方法是，用木条子钉出船的骨架，两头尖，向上翘，长约3米，中间最宽处约70厘米，高50厘米。然后用植物纤维细绳把春天剥下的白桦树皮缝在船的骨架上，接缝处要密密地缝两道线，再用熔化了的松树油灌好，中间留一个人坐的地方。船的其他部位均用鳇鱼皮封好，再用细绳拴住即可。这种船小的只能坐一个人，大点的可坐2～3人，一般在叉鱼或送信时使用。用单桨划行，逆水每小时可划行十多里。如果两条河相隔不远，绕行又费时间，可将桦皮船扛在肩上运送过去。该船最大的特点是轻便，但不耐用，如技术不好很容易翻船，今天已无人使用。图6.1为鄂温克猎人正在制作桦皮船。

图 6.1

赫哲族桦皮船船身长约6米，高约80厘米，宽约66厘米，两端尖细，船头稍向上翘起，船体一人就能扛走，能载重250～300公斤，水上划行轻快无声。鄂伦春族桦皮船长约3～4米，两端上翘，为鄂伦春人捕鱼工具。桦皮船，赫哲族人用以叉鱼，鄂温克族人用以狩猎。在当地有一种野兽，叫罕达犴，善跑，又能游水泅渡，因而靠围猎追捕十分困难。鄂伦春猎手们便

在夏秋水草旺盛的季节里，驾桦皮船猎取。原来，罕达犴喜食沼泽地里的“针古草”，每到夜深寂静时分，罕达犴便走进沼泽，游到深水处，“噗通通，咕噜噜”地扎猛子潜入水中，啮食针古草。每隔一阵，将鼻孔露出水面喘息一下，在水面上留下一串泡沫，再潜入水中觅食。猎手们趁罕达犴潜水觅食的机会，乘桦皮船从隐蔽的草丛中悄然划向深水中的泡沫处，待其再次露出鼻孔换气时，即可一举将其捕获。图 6.2 即为鄂伦春猎手正在驾桦皮船猎罕达犴。清代八旗边卡士兵巡逻时用以渡河，顺流船速每小时约 50 华里。一只桦皮船可用 2～3 年。

图 6.2

过去还有一种大型的桦皮船，叫“吉拉”，两端翘尖，底圆形，用 15 人扳桨，主要用作运输。做船的原料是以松木做船的肋条，用桦树皮做船面，以“刨马树”的木头做木钉，钉眼用松油脂涂上。这种桦皮船两端翘得高，划起来轻便，载重量大，速度又快。

7. 乌篷船

乌篷船又叫脚划船，是浙江绍兴特有的交通工具。

乌篷船船身不大，只有几米长。小船两头尖翘，船中间覆盖船篷，船篷由五六个以竹篾编织而成的半圆形盖子组成，盖子涂上黑漆抹上桐油防水，可以随意前后挪动。绍兴方言称黑为乌，故称此盖为乌篷，此船叫乌篷船。船行时，戴着乌毡帽的艄公坐在船尾，竖插一张木板作靠背；一手掌木桨在船尾作舵，双脚反复曲伸着推动船两边的橹来使船前进，所以乌篷船又称作脚划船。由于脚划船在全国来说比较罕见，又因为脚划船通常是乌篷的，所以两者会合而为一。其实，绍兴习俗，凡用乌篷的大船、小船、埠船、载货船、搭客船、脚划船、手摇船，统统叫做乌篷船。而用白篷的夜航船、檀船、小梭飞等，则称为白篷船。

图 7.1

乌篷船是水乡独特的、灵巧的水上交通工具，一般可容纳四至六位乘客。它的动力是靠艄公用脚蹋（绍兴人读为 suō）桨，船的航向是用划桨，或夹在腋下当舵使用来控制的。船行进时，艄公手脚并用，船体就轻盈地漂浮在水面上了。绍兴除小乌篷船外，还有一种大乌篷船（此类船数量极少），这种船的船身雕刻着各式花纹、图案，船头上雕刻着似虎头形象的动物鹢（古书上说的一种鸟）。鹢居海内，性嗜龙，龙见而避之，所以船工就把它的形象雕刻在船头上，使龙不敢作祟，行船可保平安。这种大乌篷船，船身高大，篷高可容人直立，船舱宽可以放桌椅，供人打牌、饮宴、看戏等，船尾有两支橹（也有四到八支的俗称四沓头、八沓头），航速较快，专供少数官宦、富户人家

游览、扫墓、迎亲、看戏时使用。

绍兴乌篷船起源于何时，已无从查考。不过南宋大诗人陆游曾在《鹊桥仙》一词中写道："轻舟八尺，低篷三扇，占断苹洲烟雨。"词中"轻舟八尺，低篷三扇"，指的就是绍兴的乌篷船，可见乌篷船至少有800年的历史了。《越绝书》记载："越，水行而山处，以船为车，以楫为马。"越，指的是江南古代的越国。越国人以舟代步，在这块水网密布的土地上，乌篷船自是不可缺少的。恐怕它最先作为渔人水上的栖身之处，又可作为水上的交通工具，或成为文人闲客赏景品酒领略水乡风情的绝妙场所。

乌篷船每天在水乡曲折迂回的河道里，在弯若长虹雕琢精美的石拱桥下穿梭着，它是江南一道移动的风景，水乡最靓丽的一张名片。周作人在《乌篷船》一文中说得好："你坐在船上，应该是游山的态度，看看四周物色，随处可见的山，岸旁的乌桕，河边的红蓼和白苹、渔舍，各式各样的桥，困倦的时候睡在舱中拿出随笔来看，或者冲一碗清茶喝喝。偏门外的鉴湖一带，贺家池、壶觞左近，我都是喜欢的……"这样的氛围何止是他一人喜欢呢？粼粼的水波倒映着淡淡的月光，天水一色间，乌篷船静静地泊在初夏之夜的水中央，就像一张黑白的剪纸，定格在天地之间。只有那微弱的渔火才使人想起这只是江南水乡常见的诸如"江枫渔火"、"独舟泊暮"之类的乡村夜景罢了……

图7.2

"水如空，桥如虹，一叶扁舟烟雨中。""烟雨溟朦泛鉴湖，乌篷碎玉语非虚。"这是古今诗人对乌篷船的赞美之词。乌篷船从远古走来，如今依然散发着勃勃生机，可以说它已超越"水上交通工具"的范畴，成为一个世人了解绍兴的窗口。

8. 沙船

沙船，中国古代三大船型之一。沙船方首方尾，平底，俗称“方艄”。它的甲板面宽敞，型深小，干舷低，适宜于浅水航道航行。采用大梁拱，使甲板能迅速排浪，船舱也采用水密隔舱结构。船舷采用大列，大中型沙船每侧有四到六根大列，从船首直压到船尾，以增加结构的强度，可远航。沙船主要产于江苏。

沙船属于帆船。帆船是继舟、筏之后的一种古老的水上交通工具，已有5 000多年的历史。帆船主要靠帆具借助风力航行，靠桨、橹和篙作为无风时推进和靠泊与启航的手段。帆船使用的帆具主要是帆、挂帆的桅杆和操帆用的绳索。桅杆通常沿船纵中线布置，最大的主桅位于中部，长度近于船长，头桅长度次之，尾桅最小，首、尾桅布在舷边。帆的形状多为四角形和三角形。主帆长与桅长相适应，宽大于船宽，头帆、尾帆依次减小。

中国帆船是先进江河再入海洋，在江湖之中行驶的内河船一般均为平底船，在中国帆船出海之时，最先使用的也是平底海船。当时中原文化十分发达，较多的海船常活动于北中国的沿海，由于当地海域水浅，且多沙滩，也只能适合于平底海船航行，于是专门适合航行于中国黄海航区的一类平底海船发展起来，成为中国最古老的海船船型。由于它能行沙涉浅，后来往往又统称为沙船。

在元代，中国船舶的船型已经定型，其中以福船、沙船、广船最为著名，被认为是中国古代的三大船型。它是中国海船中最古老的船种，亦是所有中国海洋帆船的母型，中国南海尖底帆船就是在平底帆船船型结构的基础上改制而来，与西方全龙骨式的尖底帆船在结构上有根本的差别。远在南北朝时期，通航朝鲜和日本的海船均属此类。沙船虽是中国最古老的船种，但沙船之名却始自明代嘉靖年间，属中国海船中竖桅最多者，有2～5桅不等。图8.1为明清时期的沙船（南京船）。在不少明代有关海战或海运的著作中有众多沙船的形象资料。

图 8.1

进入 20 世纪，内燃机广泛应用于船上，出现了机帆船。木帆沙船已逐渐消失，目前只在太湖中尚有少量撑帆沙船还在使用，大部分已改为水泥机帆沙船。随着机动船的出现，帆船已经逐渐退出生产、生活领域，而主要出现在体育运动比赛中。图 8.2 为太湖帆船。

图 8.2

帆船运动起源于荷兰。1900 年第 2 届奥运会开始列入比赛项目，当时比赛采用让时间的形式，使比赛显得更为公平。但早期的比赛各种级别混杂在一起，比较混乱，现在的比赛已经按照级别严格区分，将重量和尺寸都相似的赛船归入同一比赛级别。帆船比赛主要有两种形式，一种为集体出发的团队比赛，另一种为两条船之间的一对一比赛。只有索林级比赛采用一对一的比赛形式进行，其他比赛都是集体出发。帆船比赛的计分是按照每一场比赛船只的排名给予相应的积分，排名越靠前，得分越低。最后得分最低的选手获得冠军。

9. 福船

福船，中国古代三大船型之一。福船高大如楼，底尖上阔，首尾高昂，首尖尾方，两侧有护板，船舱是水密隔舱结构，尖首尖底利于破浪；底尖吃水深，稳定性好，并且容易转舵改变航向，便于在狭窄和多礁石的航道中航行。福船主要产于福建、浙江、广东。

在宋元海船中，应用最广、影响最大的要数福船。我国考古工作者在福建泉州发现的两艘古船，韩国新安发现的古船，都属于福船船型。福船与广船都是南洋深水航线的著名尖底船，它们都是在平底船的基础上经过船体结构的过渡变化改建而成，与西洋带龙骨的船型是完全不同的，因而沙船只要贴造重底就可改成尖底，也可走向南洋的深水航线。福船得益于福建盛产优质木材，其使用寿命颇长，船体与帆装配合最为和谐，最适合于作沿海和近程航行。因其帆装呈扇形，故远洋航海能力似嫌不足。典型的福船是福州花屁股船（图 9.1）。

图 9.1

关于宋元福船的形状、设备、性能等情况，可从北宋末徐兢的《宣和奉使高丽图经》“客舟”条得到大致的了解。书中记述，客船长十多丈，深三丈，宽二丈五尺，船上有篙师水手六十人，可以载二千石粟。船用整根木头加工成的巨枋叠接而成，坚固结实，有很好的抗沉性能。船型“上平如衡，下侧如刃”，易破浪前进，适航性强。船首有正碇和副碇，都用绞车控制，是停泊设备。船尾有正舵和副舵，正舵又分成大小两种，深浅可以分别使用，用于控制航向。船上有十支橹供

划行用，另有帆桅，以使风力得到利用。船的上层建筑分成三部分，前面安有炉灶和水柜，作厨房。厨房下面是警卫人员的宿棚。中间部分有四个房室。后面部分称屋，高一丈多，四壁有窗户，装饰很考究，上面有栏杆，彩绘华丽夺目，并且悬挂了帘幕，富丽堂皇，是使者官属的居住处。徐兢所说的这种客船，是临时从民间募得，经改装而成的官员用船。这些民船平时不会装饰得如此华丽，但基本构造和设备却不可能有什么变化，因此徐兢的描写反映了当时常用海船的一般情况。

泉州又名刺桐，五代时娄从劾在此立国封晋江王时（约公元 944 年）曾围城种刺桐树，因而得名。到南宋时期，由于港市贸易日盛，刺桐之名遂广传海外。大约在 11 世纪，福建，特别是泉州商人就已频频出没于高丽的港口。公元 1012—1192 年间，宋商人“因贾（商）船至者”共百余次，人数达 4 500 余名，其中以泉州客商居多。当时泉州造船业特别发达，并以善于制造深海的尖底海船而负盛名，每年有商船至高丽通商，其商船贸易较明州、杭州为盛。据《高丽史》和中国历史记载，公元 1015—1090 年先后到达高丽的泉州商船就有 19 起。北宋后期，高丽“王城有华人数百，多闽人，因贾船至者，密试其能，诱以禄仕或海留终身”。徐兢于宣和四年（公元 1122 年）出使朝鲜时，北宋政府还特意建造了两艘“神舟”，其“长、高大、杂物、器用、人数，皆三倍于客舟”，“巍如山岳，浮动海上”，当它抵达朝鲜时，引起“倾国耸观，而欢呼嘉叹”。在 12 世纪时，像这样华丽的巨型客船确实是罕见的。日本学者也将当时日本海外交通的兴盛归诸于“我们的商船学习了宋船的造船技术和航海术”，例如当时日本在水战时曾使用过中国的撑条式席帆。

图 9.2

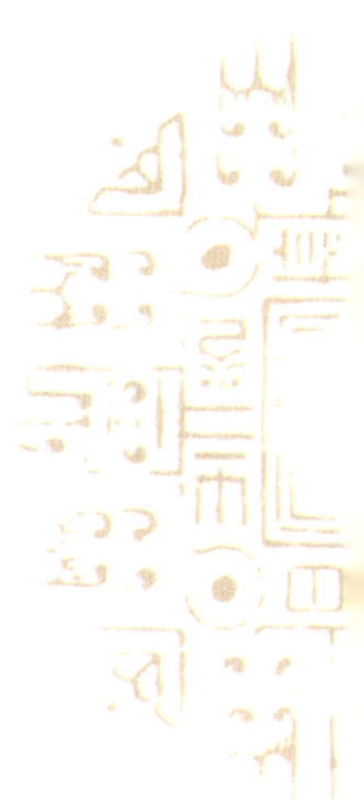

10. 广船

广船，中国古代三大船型之一。广船产于广东，它的基本特点是头尖体长，梁拱小，甲板脊弧不高。船体的横向结构用紧密的肋骨和隔舱板构成，纵向强度依靠龙骨和大梁维持。结构坚固，有较好的适航性能和续航能力。

广船的发展起源于渔船，成型于唐代的商船，发展于明朝的战船，普及于清代的各式战船、商船和渔船。明嘉靖至万历年间，俞大猷等在广州领兵抗倭时，利用浙闽艚船图式，吸取新会横江和东莞乌艚船的长处，使广船成为当时最著名的战船船型，形成了自己的特色，被后人誉为我国四大著名船型之一。明清海禁期间，粤地因澳门成为走私海商的庇护所和中转地而走私成风，广船的建造在期间反而得以延续及发展。清代海禁开放后，广州一度成为中国唯一的对外通商口岸，广式帆船吸收了西洋帆船优点，达到最鼎盛的阶段，著名的广东米艇及武装华南商船就是令西方世界印象最深的广船。

图 10.1

我国第一艘驶向欧洲的耆英号就是典型的广船（图 10.1）。耆英号是海上航行远达大西洋的第一艘中国远洋木帆船。该船 1846 年于香港建成，以驻广州钦差大臣耆英之名命名。全长近 50 米，宽约 10 米，深 5 米，载重量 750 吨；柚木造成，分 15 个水密隔舱；设 3 桅，主桅高 27 米，头尾桅分别高 23 米和 15 米；主帆重达 9 吨，悬吊式尾舵。船建成后，香港英国船商为考察中国木帆船的结构和性能，特购买此船以作远洋航行。同年 12 月 6 日由 30 名中国水手和 12 名英国水手驾驶，从香港启航南行，1847 年 3 月 31 日到达好望角，4 月 17 日

抵圣赫勒拿，然后西越大西洋驶达纽约。在纽约停泊期间，每日参观者达七八千人。1848年2月17日启航驶向英国，以21天时间横渡大西洋进入泰晤士河，其航行速度比当时美国纽约至利物浦的定期航线邮船还要迅速。该船在伦敦停靠时，英国维多利亚女皇等各方人士，都上船参观这第一艘到达欧美的中国木帆船。耆英号的环球航行，开中国帆船远航欧洲的先例，充分显示了中国古代木帆船构造和性能的优良，堪称中国历代古船设计思想和建造技术的结晶，是中国古船宝库中的一件稀世珍品。

广船船底特别尖，在海上摇摆较快，但不易翻沉。其舵材用铁力木，强度大，不易折断，这对于海上航行至关重要，而且一般采用多孔舵，减小了舵轴力矩，提高了操舵效率。清中叶后近代广船的船体主要用材为热带硬木类的坤甸、厚力和樟木，船体底型为V形尖底或U形圆底，适合外海航行。以风帆为主要动力装置，帆装大多为硬式斜桁扇形帆。橹和桨用于辅助推进，船舷外设有橹桥。船艏尖而低，船艉圆满而高翘，其刀锋型船艏特征来自西洋船。装置可升降不平衡多孔舵。运用披水板减少船舶的横向漂移。使用2至3对钢丝索侧拉桅杆增加固定作用。目前唯一能见到的保存下来的大型广式传统帆船“金华兴号”，在福建南部的东山湾从事渔业生产。作为中国沿海最后保留下来的一艘大型传统帆船，金华兴号展示了广式风帆海船最成熟、最完美亦即最后的形象，为广船的起源、演变和兴衰变迁提供了独特的历史见证，具有不可再生的文化价值。图10.2为上世纪70年代行驶在香港一带海域的广东帆船。

图 10.2

11. 郑和宝船

图 11.1

宝船，郑和七下西洋时船队中的帅船，用于使团领导成员和外国使节乘坐，以及装载明廷赠给各国的礼品和各国回赠的珍宝。宝船属于安全远洋航行的福船，有大号及中号之分。独特的设计如两头出梢、纵向通体的底龙骨、多层板船底等特色，至今在中国东南沿海和东南亚一带仍有保留。《明史・郑和传》记载：最大的宝船“长四十四丈四尺，阔十八丈”。换算成现在的尺寸，就是长 125 米，宽 50 米，排水量近 2 万吨，甲板面积约相当于一个足球场大小。船上四层精美豪华的宫廷式建筑，凝集着灿烂的中华文明，高耸入云的 9 桅 12 帆随风满张，在浩瀚的海面上蔚为壮观，被后世喻为“船的城市”。正如当代美国学者路易斯・丽瓦塞斯所评论的：“郑和船队在中国和世界历史上是一支举世无双的舰队，直到第一次世界大战之前是没有可以与之相匹敌的。”图 11.1 为郑和宝船的模拟图。

郑和是中国历史上伟大的航海家，世界文明交流的先行者。在 1405—1433 年的 28 年间，郑和率领船队七下西洋，打通并拓展了中国与亚非 30 多个国家和地区的海上交通，为世界航海事业的发展和各国人民的交流做出了不可磨灭的贡献。郑和船队除宝船外，还有用以载马和运货的马船、装运粮食的粮船、装载淡水的水船、担任护航指挥的坐船、护航的战船、载人的橹船等。郑和七下西洋，最多时率船 200 多只，人员达 2 万 7 千多人，主要航线多达 40 多条，总计航程 16 万海里，是世界古代航海史上人数最多、行动范围最广的远洋航行活动。郑和 1405 年首下西洋，比哥伦布发现美洲新大陆早

87 年，比达·伽马经过好望角早 92 年，比麦哲伦环球航行早 114 年，他无疑在人类文明史及世界航海史上写下了辉煌的一页。图 11.2 为当代山水画家钱松嵒 1959 年画的郑和航海图。

图 11.2

木帆船在海上的动力主要依靠风帆借助风力以及水手划水。郑和宝船在这两个重要的环节上都采用了独特的设计：一是使用了硬帆结构，帆篷面带有撑条。这种帆虽然较重升起费力，但却拥有极高的受风效率，使船速提高。桅杆不设固定横桁，以适应海上风云突变，调戗转脚灵活，能有效利用多面来风。二是郑和宝船在两舷和艉部，设有长橹。这种长橹入水深，多人摇摆，橹在水下半旋转的动作类似今天的螺旋桨，推进效率较高，在无风的时候也可以保持相当航速，而且橹在船外的涉水面积小，适应在狭窄港湾拥挤水域航行。

郑和宝船采用的是底尖上阔、艏昂艉高的船型。这种船型在恶劣海面上控制平稳的性能较高，而且当时在船的底舱压载了土石，稳定性可以说在当时首屈一指。为了进一步提高稳定性，郑和宝船还使用了梗水木和两舷披水板。这种面向船舷方向的木板可以进一步减小船体向两侧晃动的幅度。郑和宝船的船体结构还有一个当时独一无二的设计，就是设有多道横舱壁，用木板将船内隔成不同船舱，并且彼此密封。这样不仅加强了船的结构，而且具有分舱水密抗沉作用。这种设计还有利于分类载货，例如茶叶、丝绸、各国进贡宝物都可以分开存放。

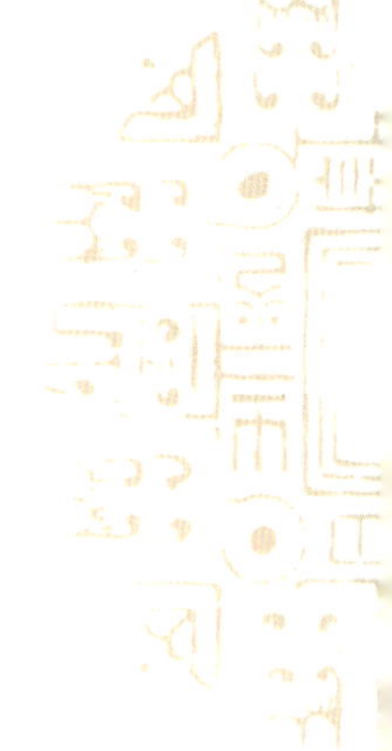

船在海面上航行主要靠船舵控制方向。郑和宝船的船舵采用可以升降式，船在深水区航行，遇到大风浪或者乱流的时候，将舵叶下缘降到船底以下，可以使舵不受影响；而在浅水区航行或者锚泊时则可将舵提升到高位，不致搁浅损伤舵叶。在郑和宝船上，带爪木杆石碇（锚）与带横棒多爪铁锚等，普遍用在海船上，还制作了特大型铁锚，这在世界造船历史上都是领先的。

12. 龙船

龙船，是做成龙形的船只。古代那些有"真龙天子"之称的帝王们，行走水路时一般都要乘坐龙舟。如"天子乘鸟舟龙舟浮于大沼"(《穆天子传》)，"上御龙舟，幸江都"(《隋书·炀帝纪》。皇帝乘坐的龙舟，高大宽敞，雄伟奢华，舟上楼阁巍峨，舟身精雕细镂，彩绘金饰，气象非凡。

大运河是隋代人工修建的水运河道，南起杭州，北抵北京，沟通钱塘江、长江、淮河、黄河、海河五大水系，为世界上最长的运河。隋炀帝开凿运河最为人所知的目的，便是利用通济渠三次南巡享乐，耀武扬威。隋炀帝南巡所乘坐的龙船，高 45 尺，宽 50 尺，长 200 尺，有四层楼。顶楼正殿、内殿分明，周围是雕画彩绘的回廊。二楼、三楼有 160 间房，金碧珠翠，门窗雕刻绮丽。全船用 6 条洁白的素丝编成大绦绳牵挽，纤夫 1 080 人，称作殿脚，一色是江南一带的青年壮汉。龙船后跟随的队伍，在运河中首尾连接，迤逦 200 多里。每次出行，所经过州县，500 里内都要进贡食品，吃不完的随时扔进河里。虽然隋炀帝南巡造成民穷财尽，但运河开凿后，南北东西的交通大为改进，而运河所贯穿的地带，又皆是经济文化发达之地，实现了长江黄河两大经济区的统一与沟通。图 12.1 为炀帝龙舟，出自清刻明万历本《帝鉴图说》。

图 12.1

外形仿动物制造的还有龟船。龟船是公元 1591 年，朝鲜全罗左道水军节度使李舜臣带领士兵和工匠制造的，是世界上最古老的铁甲船，船身装有硬木制成的形似龟壳的防护板，故其名为龟船(图 12.2 为按《李忠武公全书》记载仿制的 1/6 龟船模型)。龟船跟一般舰船不同，整个船除了瞭望孔、射击孔及两旁的桨孔外，基本上是封闭的，既可

以保护自己的将士不易被敌人炮弹击中，又可以冲到敌船舷边进攻敌人。船的顶盖是弓形铁板，形如龟背，铁板上布满锋利的大钉子，像数十把锥刀，便于靠拢敌船同敌人展开肉搏战。船头部留有铳孔，瞄准敌船后可以开炮，炮弹里装有铁沙和石灰，杀伤面积大。整个龟船的船体成龟状，唯有船首是龙头状。只要战斗一打响，龙头处就会吐出硫磺或焰硝制造的烟雾，使敌军陷入混乱之中。龟船两侧有 14 个射击孔，根据战斗情况可射箭或发铳炮。船尾下面是舵，其上也是铳孔。总之，龟船 360 度都可以攻击敌人，没有死角，而且重型武器和常规武器配备齐全。龟船结构简易而坚固，船速快，火力大。龟船在壬辰卫国战争中起了很大作用，并为世界海战和人类科技发展发挥了很大的作用。

图 12.2

外形模仿海鸟的海鹘船(图 12.3)，发明于唐朝，船型头低尾高，前大后小，适合划浪而行。船上左右设置浮板，在风浪中具有稳定船只的作用，又可阻挡侧浪，减轻船体横向摇摆，是一种比较不怕风浪的战船。海鹘船是一种可以在恶劣天气作战的攻击舰，是仿照海鹘的外型而设计建造的。船上左右各置浮板 4 到 8 具，形如海鹘翅膀(今称披水，或称撬头)，其功用是使船能平稳航行于惊涛骇浪之中，并可以排水以增加速度。船舱左右都以生牛皮围覆成城墙状，以防止巨浪打碎木制的船体，并可防火攻。牛皮墙上亦加搭半人高的女墙，墙上有弩窗舰孔以便实施攻击。甲板上遍插各类牙旗并置战鼓以壮声势。

图 12.3

13. 楼船

图 13.1

楼船，汉代战船的通称，也是水军的代称，如把水兵称为楼船卒、楼船士，水军将校称为楼船将军、楼船校尉等。元狩三年（公元前 120 年），汉武帝下令在长安城西南挖建了方圆 40 里的昆明池，在池中建造楼船（图 13.1）。船上能起高楼，所以叫楼船。这是汉代重要的战船船型。楼船秦时已有，汉代时，其规模、形制均较秦时大得多，它的大量出现是汉代造船业高度发展的重要标志。据《史记·平准书》记载："是时，越欲与汉用船战逐，乃大修昆明池，列观环之，造楼船，高十余丈，旗帜加其上，甚壮。"楼船体势高大，上面有三个楼层，第一层叫"庐"，"像庐舍也"；第二层，即"其上重宝曰飞庐，在上，故曰飞也"；第三层，"又在上曰爵（雀）室，于中候望之如鸟雀之警示也"。庐、飞庐、雀室，这三层每层都有防御敌人弓箭矢石进攻的女墙，女墙上开有射击的窗口，为了防御敌人的刀枪火攻，有时船上还蒙上皮革等物。楼船上设备齐全，已使用纤绳、楫、橹、帆等行驶工具。楼船的四周还插满战旗，威武雄壮。

中国战船的起源很早，春秋战国（公元前 8—前 5 世纪）已出现各种大型战船，还有专门进行水上作战的水军。从此，建造战船成了历代造船业的重要组成部分，它在很大程度上促进了造船技术的发展。由于战船更加注重于坚固、快速、灵活和进攻威力，各种不同形态与性能的船只被创造出来了，均神奇无比，蔚为大观。现存于北京故宫博物院战国时代的渔猎攻战纹铜壶上有船纹图（图

图 13.2

13.2)，反映了当时的水战情形和战船形制。我们从中看到当时已出现了双层底板的战船，双层底板既能加固船底又可增强水下防御功能。当时的战船上还设置了舱面甲板，扩大了船上人员的活动空间，战士可以在甲板上进行格斗；划桨手则隐蔽在舱内，只把桨的下半部露在外面。

图 13.3

图 13.3 为三国时斗舰，是古代的一种装备较好的战船，自三国时期一直沿用到唐代。《三国志·吴书·周瑜传》记载："乃取蒙冲斗舰数十艘，实以薪草，膏油灌其中。"据唐李筌《太白阴经》记载，斗舰船舷上装设半身高的女墙，两舷墙下开有划桨孔；舷内五尺建楼棚，高与女墙齐，棚上周围又设女墙，上无覆盖。树幡帜、牙旗，置指挥攻守进退用的金鼓。

1661 年，我国民族英雄郑成功率舰船 350 艘、将士 2.5 万人，与台湾同胞一起打败了荷兰侵略军，收复了被荷兰占领 38 年之久的我国领土台湾。图 13.4 即为郑成功舰队的指挥旗舰中军船，是比较大型、装备完善，航行安全、快速的厦门同安船型。船长 32 米，船宽 7.1 米，船深 3 米，排水量 225 吨，载重量 100 吨，3 桅 4 帆。中军船也分大型与中型，编配兵员人数、将领等级均有不同。厦门郑成功纪念馆收藏郑成功战船模型一只，是依(明)宋应星《天工开物》、戚继光《纪效新书》所载古船形式设计制作的双桅福船，上部有作战炮楼和城垛，中桅顶部有射箭和瞭望的望斗，船头两侧有龙目(船眼)直视前方，船尾两侧各有一条水蛇(胡鳅)的图形，胡鳅是海船保护神，为古闽越族图腾的遗存。此模型大体上反映了中军船的外形。

图 13.4

14. 破冰船

破冰船，是用于破碎水面冰层，开辟航道，保障舰船进出冰封港口、锚地，或引导舰船在冰区航行的勤务船。分为江河、湖泊、港湾或海洋破冰船。船身短而宽，长宽比值小，底部首尾上翘，首柱尖削前倾，总体强度高，首尾和水线区用厚钢板和密骨架加强。推进系统多采用双轴和双轴以上多螺旋桨装置，以柴油机为原动力的电力推进。螺旋桨和舵有防护和加强的特殊设计。

第一艘破冰船是由俄国人设计、1899 年英国为俄国建造的“叶尔马克”号。1912 年，中国首次建造了“通凌”号破冰船和“开凌”号破冰船，排水量均为 410 吨，功率为 688 马力。随着南北极科考事业的发展，现代破冰船已成为极地考察的重要工具，除用于破冰外，还兼负运输和海洋考察等任务。这类破冰船的航程远，破冰速度慢，燃料消耗大。采用核动力推进装置，能适应其特殊需要，但造价昂贵。1957 年，苏联建造的“列宁”号破冰船，是世界上第一艘核动力破冰船。图 14.1 为我国极地破冰船雪龙号。

图 14.1

破冰船同其他船比较，有自己的特点：它的船体结构特别坚实，船壳钢板比一般船舶厚得多；船宽体胖上身小，便于在冰层中开拓出较宽的航道；船身短（一般船的长与宽之比，大约是七比一到九比一，破冰船是四比一），因而进退和变换方向灵活，操纵性好；吃水深，可以破碎较厚的冰层；马力大、航速高，这样向冰层猛冲时，冲击力大；船头为折线型，使头部底线与水平线成 20～35 度角，船头可以“爬”到

冰面上；船头、船尾和船腹两侧，都备有很大的水舱，作为破冰设备。破冰船遇到冰层时，就把翘起的船头爬上冰面，靠船头部分的重量把冰压碎，这个重量是很大的，一般要达到1 000吨左右，不太坚固的冰层，在破冰船的压力之下马上就让步了。如果冰层较坚固，破冰船往往要后退一段距离，然后开足马力猛冲过去，一次不行，就反复冲击，直到把冰层冲破。如遇到很厚的冰层，一下冲不开，破冰船就开动马力很大的水泵，把船尾的水舱灌满，因为船的重心后移，船头自然会抬高。这时，将船身稍向前进，使船头搁在厚冰层上，接着就把船尾的水舱抽空，同时把船头的水舱灌满。这样，本来重量就很大的船头，再加上打进船头水舱里的几百吨水的重量，很厚的冰层，也会被压碎。这样，破冰船就可以慢慢地不断前进，在冰上开出一条水道。

欧洲国家的破冰船，在北冰洋有时遇到更厚更结实的冰层，往往会发生这样的情况：破冰船升到了冰面之上，而冰层并不破裂，只是往下沉陷，使破冰船搁在冰上，船身夹在中间，两舷悬空，靠冰支着。破冰船即使开足马力，也不能动弹一步。遇到这种情况，就需要用摇摆的方法把破冰船从倔强的冰围中解脱出来。为了使破冰船能够自己摇摆，在船中部沿着两舷设置了摇摆水舱，这水舱一方面可储藏锅炉用水和食用淡水，一方面在舷部受了损伤时，可以保护船体不致漏水（即保证不沉性）。而第三个作用就是帮助破冰船解脱困境。当破冰船被冰夹住以后，只要很快地将一舷的水舱充满，船就侧向一边，相反的又抽入另一舷的水舱，船又侧向相反的一边。这样来回抽水，破冰船就左右摇摆，再开足马力，船就不难退出冰面了。图14.2为俄罗斯Arktika号破冰船，是世界上最大的核动力破冰船，破冰厚度为2米。

图 14.2

15. 潜艇

潜艇，是指能潜入水下活动和作战的舰艇，也称潜水艇，是海军的主要舰种之一。它神出鬼没，隐蔽性能好，能利用水层掩护进行隐蔽活动和对敌方实施突然袭击；有较大的自给力、续航力和作战半径，可远离基地，在较长时间和较大海洋区域以至深入敌方海区独立作战，有较强的突击威力；能在水下发射导弹、鱼雷和布设水雷，攻击海上和陆上目标。图 15.1 为海狼级核动力攻击型潜艇。

图 15.1

美丽的海洋浩瀚宽广，蓝色的海水波涛起伏，海洋这个神秘的世界，千百年来一直在召唤着我们。尤其是那深不见底的海底世界，更是吸引着人类去探寻、去征服。多少年来，潜入海洋深处一直是人类的梦想。传说意大利艺术大师兼发明家达·芬奇最早进行了关于潜艇的设计。最早见于文字记载的潜艇研究者是意大利人伦纳德，他于 1500 年提出了“水下航行船体结构”的理论。1578 年，英国人威廉·伯恩出版了一本有关潜艇的著作《发明》。1620 年，荷兰物理学家科尼利斯·德雷尔成功地制造出第一艘潜水船，它是人类历史上第一艘能够潜入水下，并能在水下行进的“船”。它的船体像一个木柜，木质结构，外面覆盖着涂有油脂的牛皮，船内装有作为压载水舱使用的羊皮囊。这艘潜水船以多根木桨驱动，可载 12 名船员，能够潜入水中 3～5 米。德雷尔的潜水船被认为是潜艇的雏形，所以他被称为“潜艇之父”，此后百年间潜艇的发展进入了“慢车道”。

1776 年美国独立战争期间，美国耶鲁大学毕业生戴维特·布什内尔在

华盛顿将军的支持下，制造出了潜艇发展史上著名的“海龟”艇，它揭开了潜艇实战的序幕，从此人类的战场也从陆地、水面发展到了水下，“海龟”号也以其与现代潜艇相同的设计原理而赢得了世界上“第一艘军用潜艇”的美名。经过许多先行者的艰辛探索，随着工业革命带来的科学技术的迅猛发展，现代潜艇终于在19世纪末登上了历史舞台，它的创造者就是被后人尊称为“现代潜艇之父”的爱尔兰人约翰·霍兰。1897年5月17日，在现代潜艇发展史上著名的“霍兰”号潜艇建造成功了。它长约15米，装有45马力的汽油发动机和以蓄电池为动力的电动机。该艇采用双推进方式，在水面航行时用汽油机，时速7海里，续航力达到了1 000海里；在水下潜航时用电动机，时速5海里，续航力50海里。“霍兰”号上共有5名艇员，装有一具艇艏鱼雷发射管和可以进行水下发射的3枚鱼雷，另有2门火炮，1门向前，1门向后，靠操纵潜艇自身去对准目标。该艇水上航行平稳，下潜迅速，机动灵活，综合性能良好，在潜艇发展史上获得了前所未有的成功，被公认为“现代潜艇的鼻祖”。

潜艇发展到今天，按作战使命分为攻击潜艇与战略导弹潜艇；按动力分为常规动力潜艇（柴油机-蓄电池动力潜艇）与核潜艇（核动力潜艇）；按排水量分，常规动力潜艇有大型潜艇（2 000吨以上）、中型潜艇（600～2 000吨）、小型潜艇（100～600吨）和袖珍潜艇（100吨以下），核动力潜艇一般在3 000吨以上；按艇体结构分为双壳潜艇、个半壳潜艇和单壳潜艇。图15.2为我国海军宋级改进型潜艇在进行海上巡航。

图 15.2

贰 盛水用具

一年四季降水时间不均以及各地降水量的差异，使得水资源在时间和空间上分布不均。储水工具随之应运而生。储水工具的种类很多，简繁不一，但一般广为使用的是水罐、水缸等较为简易的工具。储水工具的诞生，将人类使用水从被动转化为主动。

自来水淘汰了缸，但保留了司马光砸缸的文化；饮水机淘汰了热水瓶，但保留了“里边热外边凉”的文化；洗衣机淘汰了搓衣板，但保留了跪搓衣板的文化……储水用具处于不断发展变化中。

水母楼的美丽传说

■ 位于太原市区西南25公里处的悬瓮山麓，有古代晋王祠，始建于北魏，是后人为纪念周武王次子姬虞而建，现为全国重点文物保护单位之一。姬虞受封于唐，称唐叔虞。虞子燮继父位，因临晋水，改国号为晋。因此，后人习称晋祠。北魏以后，北齐、隋、唐、宋、元、明、清各代都曾对晋祠重修扩建。

在晋祠难老泉亭上方，有一座水母楼，俗称梳妆楼，别号水晶宫。楼内水母像铜质金装，端坐瓮上，束发未竟，神态自若。据传，水母姓柳，生性贤良，家住晋祠附近的金胜村，嫁到晋祠为媳。不幸的是，她出嫁后横遭婆母虐待，每日到远方去挑水。挑回的水，婆母只要前桶，不要后桶，名为嫌脏，实则存心刁难。一天，柳女挑水归来，在途中一骑马人要借水饮马，柳女欣然应允。等柳女返回重挑时，那人送给柳女一条金丝马鞭，并告诉她将马鞭放在瓮中，只要轻轻向上一提，水即满瓮。柳女回去一试，果然灵验。这个秘密不久就被柳女的小姑子发现，一次她趁柳女回娘家不在，从瓮中提起马鞭，顿时，水从瓮中奔涌而出。大水，很快就要淹没附近村庄……柳女正在娘家梳头，闻讯赶来，毅然坐在瓮上，水势一下变小，人们得救了，水母从此再也没有离开水瓮。

16. 水罐

水罐是人类较早开始使用的储水用具，最初的水罐是陶制的。陶器是新石器时代伟大的发明，从以前用贝壳、椰壳、葫芦瓢来舀水、储水到新石器时代出现陶制水罐，是历史的进步。陶器文明显示人类终于与动物分道扬镳，用自己的智慧创造了文明。发展到现在，水罐几乎都是由塑料制成的，且基本是用来盛装工业用水，很少见家庭使用水罐。

图 16.1

图 16.1 为新石器时代晚期的辛店双勾纹彩大罐，隶属于辛店文化。罐为夹砂橙黄陶胎，表面磨光，施一层紫红色陶衣（已剥落）。罐口微外敞，斜肩曲腹平底，肩腹交接处有一对下垂的耳。内壁为素面；口沿外侧饰一圈带纹；颈部为一圈连续回纹，下面接着一圈鸟纹和太阳纹；肩部为双勾纹，双勾内又有太阳纹，双勾下则是一圈带纹；罐腹无纹饰，但隐约有一些压印绳纹。全部纹饰为单一褐色，线条粗壮有力，与罐形互为协调。

辛店文化是西北地区的新石器时代晚期文化，距今约 3 千年前。主要分布于黄河上游及其支流湟水、洮河与大夏河流域。1924 年首先发现于甘肃临洮县辛店村，上世纪 50 年代末期进行大规模调查和考古发掘，共发现遗址百余处。辛店文化不仅制陶技术发达，它还有炼铜工艺。考古数据

显示其文化形态已进入青铜阶段。另根据大量的牛、羊、猪、马、狗、鹿等兽骨和石刀、骨刀等判断，辛店文化可能也包含发达的畜牧业，其中羊和猪是最主要的牲畜，马可能已被用来骑乘；狗在人的生活中也很重要，可以打猎，也可以看牧，故许多彩陶器上都有狗的像生纹。由于迄今仍少见大型的部落遗址，故有学者认为辛店文化系以畜牧为主，可以归属于北方草原文化系统中。

图 16.2

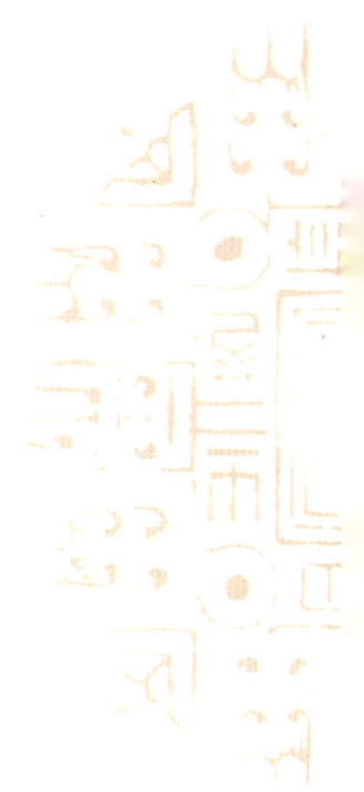

17. 水盆

水盆是人类较早开始使用的储水用具，也是大家所非常熟悉的一种生活用具，直到今天我们的生活中还在使用着各种规格和型制的水盆。本文不拟对此多作介绍，只介绍一个较为特殊的例子，就是阴阳鱼洗盆。

现在浙江杭州博物馆内，收藏有一只青铜喷水震盆，此即“阴阳鱼洗盆”(图17.1)。震盆有双耳，大小如脸盆，盆底绘有四条鱼，鱼与鱼间刻有四条清晰的《易经》河图抛物线。只要在盆内加一半水，然后用手轻摩双耳，盆中刹那间就会波浪翻滚，汹涌澎湃，然后涌出4股二尺许高的喷泉，并发出易经中念震卦六爻的音响。美国、日本的物理学家曾用各种现代科学仪器反复检测查看，试图找出导热、传感、推动及喷射发音的构造原理，皆不得要领。面对中国古代科技创造的这一奇迹，现代科学家只好望盆兴叹，把它当作不解之谜。

图 17.1

1986年10月，美国曾仿造一个青铜喷水震盆，外型虽酷似，而功能不济。因为它不会喷水，发音功能也很呆板，仿造是失败的。青铜喷水震盆已成为当今世界之谜，因为它超出了现代科学技术范畴，如同外星文明一样，不是现代科学所能理解的。同样，喷水震盆也不是用现代的科技手段所能仿造的。

为什么现代科学技术如此发达，竟仿造不了一只古代人制作的青铜器？中国古代的科学技术，所根据的是什么原理？《易经》中包罗万象，其中已经

包含了科学思想，但是并没有具体的科技理论，那么古人又是根据什么原理制成的青铜鱼洗盆呢？这些都值得我们深入探索。

图 17.2

18. 水缸

水缸是底小口大，用陶、瓷、搪瓷、玻璃等烧制而成的盛水器物。总体来说，瓷缸目前有4种称谓，即缸、龙缸、水缸、鱼缸。此外根据明末清初所出现的不同型制，又有钵式缸、鱼缸之谓。

水缸的用处，说法颇显朦胧。譬如《中国古代瓷器鉴赏辞典》"器型"条称："龙缸：明代景德镇官窑所烧的大型器，专供宫廷使用。大口，深腹，器壁厚实。定陵发掘后，知龙缸亦可盛油点灯。以青花瓷为多见，器身绘双龙宝相花、云龙、四环戏潮水等纹饰。"《简明陶瓷词典》"器型"条释："缸：盛贮器。陶制的在新石器时代河南龙山文化、屈家岭文化及夏商时期已有制作，瓷制品金、元时期烧制较多，以明、清时期景德镇窑的制品最佳。景德镇窑生产专供宫廷使用的大缸。缸腹上绘龙的即称龙缸。这类瓷器，可作陈设器，也可作水缸、养金鱼或盛油点燃长明灯等。"

明代早期水缸，以画龙纹为多，明中期以后，图案呈多样化。龙纹示圣明，鱼纹多雅致，其他也无不可，包括狮球纹、婴戏纹，只要美观大方就行。但不少纹饰和水沾边，如海水云龙、水禽莲池、鸳鸯荷塘纹等，目的固然为储水，也实在是品位、情趣与水缸的一种巧妙结合。明崇祯时期，瓷缸但见小型，用途也明显有别于前朝，当为玩赏类型的鱼缸，此时，缸又有钵式新品种（图18.1为明代雕花水缸）。

图 18.1

清代，大缸恢复生产，尺寸之大，不亚于明朝的嘉靖、万历时期，制作之精，则有过之而无不及。图案有的是只有皇帝才配得上享用的五爪龙纹，亦有供民间大户人家使用的四爪龙纹和山水、人物及花鸟纹等。中小型鱼缸尤为多见，尺码不等，规格齐全。说明此时的瓷缸已盛行于文人士大夫阶

层。康熙时期，鱼缸中有器壁较浅似木盆的，称之为“鱼浅”，绘有五彩加金荷莲纹，此器型自康熙时初创，延续至晚清。雍正、乾隆时的鱼缸，喜施以木纹釉，给出盆箍装饰，酷似木盆。也有以传统的青花绘之，器型规整，尺寸硕大，是集观赏与休闲养性等功能为一体的居家美器。

古代防火器材中，缸是主要储水用具。最直接证据来自故宫，在明清皇帝寝宫的乾清宫门外两侧，就显眼地摆着 10 口鎏金大铜缸，金光闪闪，富丽堂皇（见图 18.2）。据《故宫便览》介绍：“这是宫中的露天陈设器，也是贮水防火的用具。缸自重四千多斤，盛水也是四千多斤。宫中共有鎏金铜缸十八口，其他还有铜缸、铁缸二百九十口，共三百零八口。”古代，由于科学技术不发达，人们的消防能力甚为低下，即便是在紫禁城咸安宫前专管消防的“火班值庐”，灭火工具也十分简陋，水桶、水缸便是主要救火器材。甚至到清末出现消防用“水龙”以后，引进的洋水龙起初还是离不开水源，要么靠水井，要么靠水船，以致人们在万般无奈之下，依旧得仰仗大水缸。直到 20 世纪初，消防车出现，让水龙显出威力，此时，水缸才完全转业到养鱼上了。

图 18.2

用于消防的水缸，古代因忌讳“水”、“火”两字，所以称之为“太平缸”或“吉祥缸”，也有的称之为“千斤缸”或“镇宅缸”。古代的太平缸由青石或砂石雕凿、砌成，外表刻有“福”、“寿”等字样，以及花草树木等图案，既有观瞻、装饰宅院作用，又有消防作用，盛行于清代。

说起古人消防的忌讳，不能不提“走水”的来历。古人称失火为“走水”，这是因为古人对火十分敬畏，认为失火本身就是超自然力量（比如鬼神）造成的，是惩罚人的做法。在失火的情况下，还嘴里火啊火啊的叫个不停，很不吉利。五行中水能克火，所以用水字来压制火，比较有口彩。还有一种说法是因为古代一旦失火，发现的人会大喊大叫来提醒众人，周围的人就会拿着水龙之类的救火工具去救，走水就是使水“走”到失火的地方去。久而久之，一旦失火，发现者就直接说走水了。

19. 水瓮

水瓮是腹部较大的盛水陶器，功能与水缸类似。随着自来水的普及，水瓮作为家庭储水用具的价值不再，水瓮名为水瓮其实已逐渐变成为藏品、酒瓮、菜瓮了。图 19.1 为希腊水瓮，公元前 530—520 年青铜制品，高 43 厘米，最大宽度 42 厘米。

图 19.1

有的水瓮被设计为景点道具。自古以来，水都是园林景观的重要组成部分。如今，对水的热衷，使得各式各样的水景设施成为热门产品。除了在外形上大做文章外，对内部结构、细节装饰、整体功能的日趋重视，让水瓮不再是简简单单的“花瓶”。图 19.2 所示，即为一水瓮喷泉，由意大利工匠手工制作，水泵掩藏在卵石铺设的“河床”下，水管穿过整个水瓮，最终形成自然的涌泉景观。采自天然河道的卵石装饰在水瓮四周，与水瓮整体吻合。

图 19.2

有的水瓮被用来盛放酒浆，成为酒瓮，还取了个雅号“玉缸”。《礼记》中便有“宋襄公葬其夫人，醯醢百瓮”的记载。现保存在北京北海公园前团城的一口大酒瓮，叫渎山大玉海（图 19.3）。这口专门用于贮存酒的玉瓮，是用整块杂色墨玉琢成，周长 5 米，四周雕有出没于波涛之中的海龙、海兽，形象生动，气势磅礴，重达 3 500 公斤，可贮酒 30 石。据传这口大玉瓮是元始祖忽必烈在至元二年（1256 年）从外地运来，置在琼华岛上，用来盛酒宴赏功臣的。

图 19.3

有的水瓮被用来腌制咸菜，比如福建泉州就有一道诱人小吃叫做水瓮菜。泉州水瓮菜以安溪龙涓出产的为佳。每年临近春节前个把月，待芥菜经霜后，当地人将其整叶带茎摘下晾晒，水分差不多去掉一半时，撒上盐巴搓揉。如是多次反复，直至流出又粘又稠的汁液，再把它们一团一团地盘起，压进本地福都村烧制的水瓮中腌制。这种水瓮和普通陶瓮的区别，在于瓮口多了一圈槽用来盛水。瓮中压满压实芥菜后，再在瓮口铺上厚厚的一层盐，盖上陶盖；向槽中注满水，置于墙头屋顶，让菜在瓮中慢慢发酵。要时时检查槽里的水，不能让它干了，否则会跑进空气。约莫个把月，水瓮菜就可出瓮下锅了。掏出的咸菜洗净盐巴沥干水，切得越细越好。可做汤，清清香香，酸中带甘，生津开胃；也可作常年基本菜，三餐就着下饭；如与猪蹄、排骨同炖，通锅金黄，骨酥肉烂，不油不腻，入口滑爽，更是佳品。

20. 水桶

图 20.1

水桶，盛水的器具。一般是长圆形，多有提梁。一般储水用具会有陶瓷制品，或许由于水桶形状的问题，水桶没有陶瓷制品。最初的水桶是木制的，后来出现金属制品，现在，水桶大多是塑料制品，但也有少量的金属制品。现在水桶的形式也多样化，如纯净水桶等。另外，水桶在有些地方亦作为洗浴用具。今天，随着人们对健身的追求，木桶浴成为一种时尚（图 20.1 为《今晚报》曾经登载过的一只商代木水桶）。

水桶还是古代的消防工具。消防水桶一般做成尖底桶，一是平时好存放，如果是个大圆桶，挂在墙上，怎么也放不好；不挂在墙上，容易被人挪作它用，起不到应急的目的。二是这种尖底桶，一般人不会拿去日常使用。如果是普通水桶，恐怕不要几天就不见了，救火时到哪里去找？三是为了取水方便。尖底水桶在取水时，尖底直接划开水面，使桶在装水时减少了阻力，而且根据物理学的原理，尖底桶一放到水里就会自己躺倒，等水注满后自动直立，这样一来就非常方便、快捷，能为救火赢得更多的时间。大家都知道少林寺的武僧在练功时，为了增强臂力，往往是用尖底桶提水（图 20.2），这其实和消防水桶的原理类似。

图 20.2

在历史上，杭州还曾实施过“官水桶”的防火措施。清人夏之盛在杭州寓居时，曾写下了《官水桶》一诗来记述此事。《杭州府志》里记载：“杭城向设官水桶储水，以备不虞。但日炙雨淋，最易朽坏。今应确查水桶，现在有无存储，实有若干处。各总保收管，满储以水，毋听损坏。该二县典史，按目稽查呈报该府备案，并示谕各居民：仍循蓄水旧制，各于门旁，储水缸桶之内。各处井座，如有淤塞地方，官亦须通查，勤谕绅士倡捐，淘深盈，以滋济益。”杭州是一个火灾多发的城市，清朝时地方政府实施了“官水桶”的消防设施，类似于今天的灭火器及其相应的消防制度，说明消防管理已比较规范。

图 20.3

21. 水壶

水壶，盛水器。作为盛水器皿，壶用以装茶，谓之茶壶；用之装酒，谓之酒壶；用之装水，则叫水壶，其功用是一样的。既然壶与人的关系如此密切，本书将茶壶、酒壶放到饮水用具篇中分别详细介绍，在此只介绍作为储水用具的壶。

壶流行于商至汉代，用于装酒和装水。壶使用的年代较长，式样也很多，大致有圆形、方形、扁圆形、八角形、弧形等。断面为扁圆形，深腹下垂，带扁方形贯耳和圈足的壶大多为商代器物，但商代也有长颈鼓腹的圆壶。西周壶除承袭商代式样外，多设有圈顶壶盖，盖可倒置用作杯。耳多为半环耳或兽首衔环状耳。

春秋壶造型较商周壶轻巧，多为扁圆壶或方壶。许多壶盖上端制成莲瓣形，也有一些在壶盖或壶身外表装饰鹤、龙、璃虎等立体动物形象。战国和汉代的壶由垂腹改为鼓腹，下腹部内收，圈足微外撇或平底，底部小巧而稳重，显得秀丽灵巧。这一时期也有提梁壶，提梁用数十节铜链串接而成，便于外出携带。弧形壶主要是春秋战国时期的制品，造型为长颈，圆腹，腹旁有鋬，平底或圈足。壶颈向一侧倾斜，形状类似瓠瓜(图 21.1 为古代水壶)。

图 21.1

明清时期，是我国古代瓷酒器发展的鼎盛时期。明初制瓷业以永乐、宣德年间为最盛，不论数量和质量都超过前代。图 21.2 为清乾隆年间仿照古代战士行军水壶样式制成的豆青暗花双耳烟壶，由此可以想像古代军用水壶的样式。

水壶是在户外储存水的必要装备，根据可变形程度分为硬质、软质两大类。硬质水壶包括军用水壶、塑料水壶、专业壶具，高档塑料水壶是户外活动中最常用的水壶之一。软式水壶包括水袋、皮囊、压缩水桶等。

近些年来，儿时常带在身边的水壶被一瓶瓶矿泉水、可乐、橙汁所取代；与此同时，肥胖、糖尿病等疾病也不时找上门来。基于环保和健康两大原因，一些国家开始追寻过去的“水壶岁月”，并兴起了轰轰烈烈的“水壶复兴”运动。在美国旧金山，大量瓶装水被逐出市场；在日本，那些带水壶出门的人，可以到一些指定商店免费加水；英国的一些特定场合，如商场、健身房、图书馆，使用水壶成为一种时尚。除水壶外，还有些环保理念在慢慢回归，如环保筷、手绢等。不只如此，在不少欧美国家，宾馆里早已没有了一次性拖鞋和洗漱用品，因为这些都有违环保理念。

图 21.2

22. 水瓶

水瓶和水缸、水瓮等相比，是小型的盛水器，其特点是腹大口小，易携带，其材料多为陶瓷或玻璃。水瓶是大家所熟悉的一种储水用具，其用途大致可以分为三个方面，一是较长时间地存储水；二是外出时携带水；三是存储热水。前面两点古今大概没有什么大的区别，在此只介绍一下水瓶的第三个功能，即作为保温器具的水瓶(图 22.1 为唐代越窑烧制的秘色八棱净水瓶)。

图 22.1

宋代已有制造保温器的记载，其中最精彩的当推“伊阳古瓶”。南宋洪迈(1123—1202 年)在《夷坚甲志》中写道：“张虞卿者文定公齐贤裔孙，居西京伊阳县小水镇，得古瓦瓶于土中，色甚黑，颇爱之。置书室养花，方冬极寒，一夕忘去水，意为冻裂，明日视之，凡他物有水者皆冻，独此瓶不然。异之，试之以汤，终日不冷。张或为客出郊，置瓶于箧，倾水沦茗，皆如新沸者。自是始知秘，惜后为醉仆触碎。视其中，与常陶器等，但夹底厚二寸。有鬼热火以燎，刻画甚精。无人能识其为何时物也。”这实际上是最早的保温瓶，其原因是有夹底，能防止热传导。

今天我们广泛使用的热水瓶，是英国物理学家詹姆斯·杜瓦爵士于 1892 年发明的。当时他进行了一项使气体液化的研究工作，气体要在低温下液化，首先需设计出一种能使气体与外界温度隔绝的容器，于是他请玻璃技师伯格为他吹制了一个双层玻璃容器，两层内壁涂上水银，然后抽掉两层之间的空气，形成真空。这种真空瓶又叫“杜瓶”，可使盛在里面的液体不论冷热，温度都保持在一定时间内不变。由于在家庭中保温瓶主要用于热水

保温，故又称热水瓶。建国后上海建成了我国第一个暖瓶厂，生产气压式暖瓶，从此暖瓶才进入中国寻常百姓家。

图 22.2

在热水瓶发明以前，寻常百姓家更多地是使用一种棉套来给水壶、水瓶等保温。图 22.2 所示就是一件做工精美的保温壶套，该壶套为一件鲁绣制品，绣花图纹美丽，周身使用红色布做底子，上面用各色丝线绣着花鸟，底部用蓝布做衬、用黑线缝制成一个古钱形状，内里有厚厚的棉花和蒲草，做工非常精美。用时将水壶放进这个绣花棉套里，再用另外一件绣花棉垫将壶盖盖住，将壶的提手往上一提，使得壶嘴从绣花棉套里露出来，可以倒茶。古代用来保温食物的器皿还有温盘，它由上下两层瓷构成，上层瓷薄，下层瓷厚，中间是空的，在使用时向盘内夹层注入热水，可以保持菜品的温度和更佳的口感。

23. 水篓

水篓，是用藤条编制的盛水工具，用桐油、土漆油漆，坚固不漏水，并富弹性，不怕摔掼，形状像倒置的安全帽，作用和现在的消防桶一样。图 23.1 即为一藤条编制的既能装水又能装油的篓子。

图 23.1

人们运送水一般使用的都是水桶等用具，由于水篓的特点，其一般被使用于取用水十分不方便的山区或者是缺水的地区。在山西的南茹，喝水十分困难。山里人家的男劳力，每天要走 30 多里的崎岖小路，下到沟底背水，一天也只能背一趟。牲畜因缺水也养不成，一切全靠人力。这里的人家，家家窑洞的墙上都挂着背水的水篓。水篓用两条粗大树杆做成背把，可背在身后。盛水之后，水篓有 20 多斤。水篓的底部是尖形的，背水途中不可能把水篓放在地上休息，只能背着水篓靠在路边的石块上歇一歇。据说，这是为了避免背水人在途中睡觉，因为，如果天黑前赶不回来，就会有遭遇狼豹的危险。

水篓，在有的地方也被用作消防用具。比如，黄山脚下的千年古村落——呈坎，至今仍存有 130 多处元、明、清古民居建筑群，全村为省级文化保护单位。宋代大理学家朱熹曾赞曰："呈坎双贤里，江南第一村。"当代众多建筑专家、学者视呈坎古民居为国之瑰宝，称颂它是一个罕见的徽州明代古居民建筑消防历史博物馆。该村在上世纪 60 年代前还有几条水龙、几十支水枪和几百只水篓。这几百只水篓就是专门用来运水灭火的消防工具。

远在云南的德昂族还有一个奇怪的习俗，就是姑娘小伙订婚之前，男方会送一个水篓给女方。德昂青年男女的爱情加深后，双方会互赠礼物。

姑娘把自己精心编织的小筒帕送给小伙子，筒帕上缀着鲜艳夺目的彩球，有的还把彩球缀在男方的耳筒上；小伙子则将项圈、手镯和一个红漆刷制的藤腰圈送给姑娘。其中最有趣的就是，有时小伙子还会送一个自己亲手编制的背水篓给姑娘。之后，男女双方就可以禀告父母，为他们举行订婚仪式了。

说到这儿，还有必要讲讲老北京推水车的故事。老北京的水井原有很多，现在北京的胡同如王府井、四眼井、柳树井、甜水井等，都是根据当时的水井命名的。那些水井因挖掘的深浅不同、地段不同，所以水质各异，有甜、苦之分，由此出现了卖水这一行当。自明代以来，甜水井便都由水头儿占管，负责卖水的水行也已四处可见。水行有卖水夫，专为买水吃的人家送水。卖水夫推的是一种有两个水篓的独轮车，后来都改成上面装一个大木桶的双轮水车了（如图 23.2 所示）。装满甜水的水车走在送水的泥泞路上，发出“吱吱”的声音。卖水夫收入微薄，难以养家糊口，而且因终日挑水，腿脚永远是湿漉漉的，一到冬天，双足就冻得赤红。清人兰陵忧患生在《京华百二竹枝词》中描写得颇为真切：“水夫挑水真可怜，下磨脚底上磨肩。脚底欲穿肩欲肿，只为要寻糊口钱。”1875 年，英国人华脱司在上海杨树浦开办了第一家自来水公司。当时，这种自来水还是由卖水夫将水一桶桶地分销出去。直到上世纪 50 年代，自来水管装进了千家万户，卖水这一行才逐渐退出历史舞台。

图 23.2

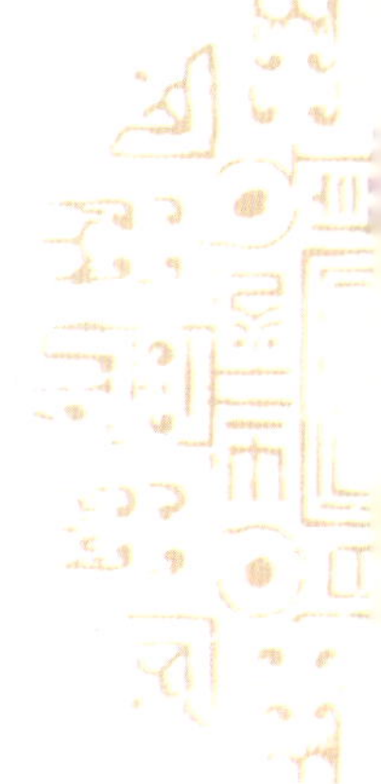

24. 水囊

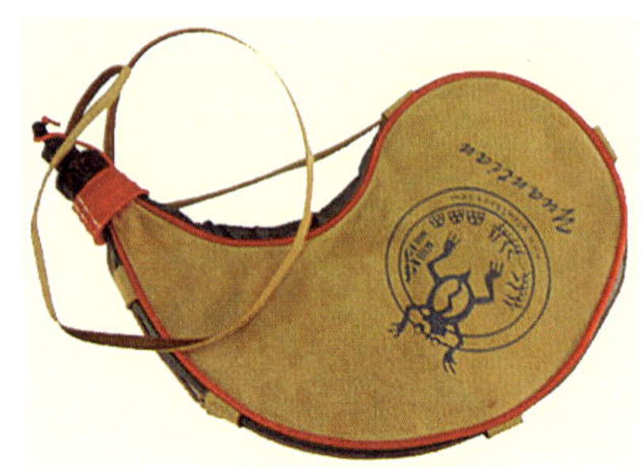

图 24.1

水囊是古人用猪、牛膀胱制成的盛水器具。我们在影视剧中常见骑着骆驼穿越沙漠的行者,均以水囊作为主要盛水用具(图 24.1)。

在古代,水囊不仅是储水用具,还可用来灭火。起火时,将盛满水的水囊掷向着火地点,水囊被烧穿或破裂,水即流出灭火。还有用油布缝制成的油囊,其用法同猪、牛膀胱制成的囊一样,盛水掷着火处灭火。

在古代,水囊还被用作浮具。水囊作为浮具可能比使用葫芦更晚些时间,大致在人类可以饲养牲畜以后。在某些地区还出现过用牲畜的皮革制成皮囊以为浮具。其做法是在宰杀牲畜时,先将头部割去,稍割开颈部,去掉四蹄,将整个皮革翻剥下来。经过加工后再把颈部和三个蹄部的孔口系牢,留一个蹄孔作为充气孔道。用时,先把皮囊吹鼓,然后再结扎充气孔,便可单独作浮具了。水囊作为浮具,本书的渡水用具篇有详细介绍。

图 24.2

受古人用皮囊载水做法的启发,现代人类已开发出各类大型软体折叠水囊,可以用于储存和运输各种非危液体,材料选用 PVC/TPU/PE 等材料并符合食品级标准(图 24.2)。常见的有各种车辆配套水囊、大型拖带水囊、集装箱水囊、橡胶水囊、液袋、集装箱液袋等等(图 24.3)。这些现代水囊,可以在极短的时间内快速解决液体的存放问题,用完后可折叠,体积很

小，不影响周围的环境，被广泛应用于食品类、工业用各类油脂、非危险液态化工产品的储存。另外，现代居家用的水床，实际上就是一个大的水囊。

图 24.3

25. 热水壶

图 25.1

热水壶，又叫开水壶、烧水壶，是用来烧开水的一种盛水器具。一般为陶制或金属材质。现在人们用的多为电热水壶，这是通过电流来达到加热的效果。电热水壶和用火加热的传统水壶无论是形制、材质等方面都有很大的不同。图 25.1 为一民国时期的紫铜热水壶，图 25.2 为今天山东长岛渔家用以烧开水的铁皮制的热水壶。

无论是传统的热水壶，还是今天的电热水壶，壶底往往都要做成一圈一圈的螺纹状，就像蜗牛壳上的螺线那样，目的是通过一圈圈的螺纹使壶底的实际面积放大，以增加水壶的受热面积，从而烧水时既节省了时间又节约了能源。

说起热水壶，就不能不提一下曾经广泛分布在江浙一带城镇街头巷尾的"老虎灶"。老虎灶又称熟水店（也就是专卖开水的店），因灶台方阔，形似虎身；烟囱高直，形似虎尾；铁锅口圆，形似虎眼；出灰洞口大，形似虎口，而得其雅名。根据中国传统习俗，老虎有虎虎生气，象征着兴旺发达，有吉利之意。老虎灶吃的是煤，因而屋里堆满了煤，还有木屑和干柴，那是用来发火用的。

图 25.2

传统的老虎灶灶面置有三只烧水锅，三只锅中央有一加煤孔，烧水锅和烟囱之间还有两只积水锅，称为"积口"。旧时还有两种老虎灶，一种叫"七星灶"，炉灶只是一只大缸，缸里用泥和砖砌成七个火孔，孔上放七只铁

壶烧水；另一种叫“经济炉”，炉体是一只白铁皮大炉，炉上置一大锅烧水，后来灶上又增设了温度表和水龙头，以便观察水温和放水。老虎灶一般在弄口或弄堂附近的小街上，通常一开间面，也有两开间或楼上楼下的，其灶砌在店门口，灶膛口对着马路或前面小街、小巷，灶肚中烧木屑、刨花和煤炭。

老虎灶的诞生与城镇居民生活环境、灶具条件的限制密不可分。当时煤气还没有普及，用煤球已属上乘了。一般家庭用木柴烧水不方便，老虎灶便应运而生，繁华的城镇里几乎每街每巷都有一家或几家“老虎灶”。居民一般都不自己烧开水，而是三两相约拎着水瓶、水壶到“老虎灶”打开水。到老虎灶打开水一般都不用等，可以随到随打。因为灶台上设有头锅、二锅、三锅，还有几只汤罐。头锅里是开水，二锅里是接近开的水，三锅里是热水，汤罐里是温热水，顺次添补，层递加温，真可谓是地地道道的“流水作业”。即使头锅里刚掺进二锅里的水，只要烧两把急火，无需一两分钟即开。“老虎灶”的燃料都是糠或刨花、锯木屑，成本低而又发火旺。

不少老虎灶除供应热水外，还设有几张桌子，供人们入内喝茶聊天或洽谈生意，有的还设有盆汤供人洗澡。所以，老虎灶实际是主营卖热水，兼营茶馆、浴室的，这大大方便了附近居民的生活。那时候，每天早晚总可以看到人们手提热水瓶或茶壶进出老虎灶，踏出路面上的一条条水渍。

图 25.3 所示的“老虎灶”，位于江南水乡、千年古镇同里，始建于清末，是中国现存最古老且仍在经营的百年茶楼“南园茶社”的“老虎灶”，已有百年历史。

图 25.3

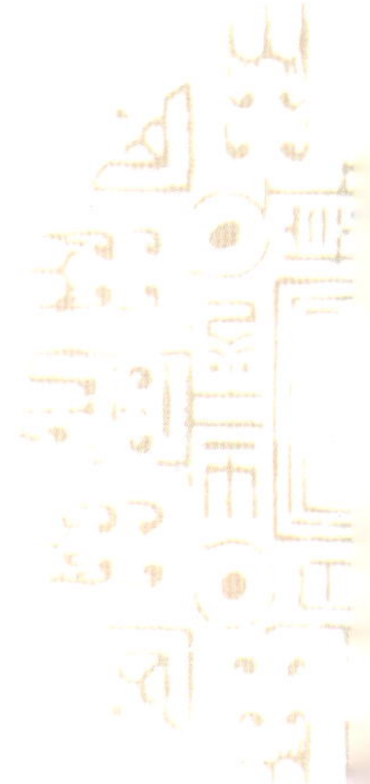

26. 盘

盘作为盛水用具，为古代盥器。《礼记·内则》载："进盥，少者奉盘，长者奉水，请沃盥，盥卒授巾。"盘与匜配合使用，流行于西周至战国时期。盘的作用与现代的脸盆相近，匜则像一只瓢。商周时期贵族在祭神拜祖、宴前饭后都有严格的洗盥之礼，贵族行礼仪时往往用匜浇水洗手，用盘承之。据近年考古发现，在西周中叶以前，盘是与有管状流的盉相配合的，直到西周晚期才被匜所取代。由于盘有很大的面积，适合铸出长篇的铭文，故而古人常将盟约的文字铸于盘上，垂之永远。

图 26.1

铜盘最早见于商代。图 26.1 为虢季子白盘，铸于周宣王时期。该盘形制奇特，似一大浴缸，为圆角长方形，四曲尺形足，口大底小，略呈放射形，使器物避免了粗笨感。四壁各有两只衔环兽首耳，口沿饰一圈窃曲纹，下为波带纹。盘内底部有铭文 111 字，讲述虢国的子白奉命出战，荣立战功，周王为其设宴庆功，并赐弓马之物，虢季子白因而作盘以为纪念。虢季子白盘传清道光时期于陕西宝鸡川司出土，其流传极富传奇色彩。此盘自道光年间出土后曾被当地农人用以喂马，后县令以数钱据为己有。几经动荡，此盘被刘铭传觅得，极为珍惜。在其后几十年内，觊觎此盘者不乏其人，刘氏后人将盘重埋地下，远避他乡。解放后，刘肃将此盘掘出献给国家。自此，虢季子白盘才得以重放异彩，供世人欣赏。

图 26.2

图 26.2 为青铜匜，铸于春秋晚期

(公元前 571—前 480 年)，高 12.5 厘米，1994 年山东省海阳市盘石镇嘴子前四号墓出土。圆角长方形口，深腹，圜底，三犬足较矮，犬形柄，张口犬首形流。流口纹饰精美，整体造型浑然天成。

在北京北海公园琼岛西侧的山腰上，竖有一根雕龙汉白玉石柱。柱顶立有一铜人，双手高举承托着一个铜盘，这个铜盘就叫做铜仙承露盘，也叫做仙人承露盘(图 26.3)。铜仙承露盘，铸于清代，相传它是乾隆皇帝根据一个典故命人铸造的。

图 26.3

古代人相信神仙可以降露人间，饮服神露，能使人长生不老。汉武帝刘彻对此坚信不疑，下令在长安建章宫内建造神明台，高约 67 米，上面再铸造铜仙人双手捧铜盘，以此来求得仙露。其实，承露盘中承接的所谓“仙露”不过是由于早晚温差变化而凝结在盘中的水蒸汽。汉武帝就把这些凝结的水珠，当成了长生不老的仙露，将承接下来的露水交由方士。方士再将露水和美玉的碎屑调和而成后，让汉武帝服下，并且告诉汉武帝这样就能长生不老了。可是公元前 87 年，汉武帝还是死了。虽然不能使汉武帝长生不老，但铜仙承露盘如果保存至今，肯定是一件难得的工艺品。遗憾的是，汉朝灭亡以后，魏明帝曹睿，也就是曹操的孙子，下令将铜仙承露盘从长安搬迁到洛阳。可没想到，在搬迁途中铜仙承露盘就被彻底损坏了，最后破损的部件也被丢弃得不知所终。这段历史被《三国志》、《汉晋春秋》等很多文献记录，四大名著之一《三国演义》的第 105 回“武侯预伏锦囊计，魏主拆取承露盘”中，对这段历史也有描述。

唐朝著名诗人李贺读到这段历史后大发感慨，写下了《金铜仙人辞汉歌》一诗，其中的一句“天若有情天亦老”，成为后人广为传诵的名句。李贺诗曰：

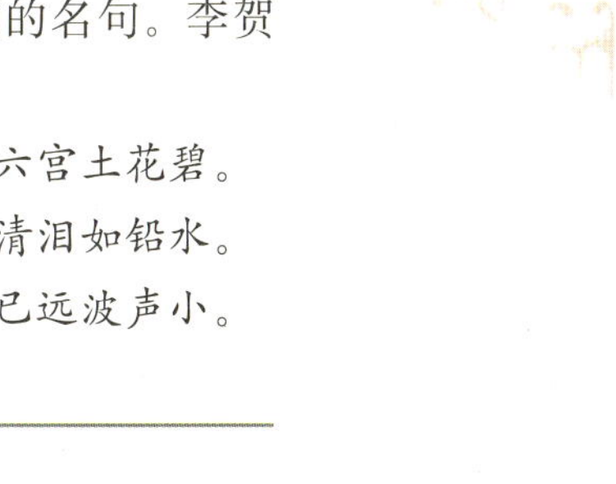

茂陵刘郎秋风客，夜闻马嘶晓无迹。画栏桂树悬秋香，三十六宫土花碧。
魏官牵车指千里，东关酸风射眸子。空将汉月出宫门，忆君清泪如铅水。
衰兰送客咸阳道，天若有情天亦老。携盘独出月荒凉，渭城已远波声小。

27. 浴缸

图 27.1

洗浴，既是个人卫生需要，也是一种亲水活动、文化活动。洗浴用具包括浴缸、浴桶、浴盆、莲蓬头、浴巾、浴帽，以及帮助洁肤的用品等等，其中最具典型性的用具是浴缸。图27.1为制于1890年的英国铜浴缸。

中国历代文人墨客吟咏沐浴的作品较多，屈原《九歌·云中君》："浴兰汤兮沐芳，华采衣兮若英。"《骚下·渔父》："新沐者必弹冠，新浴者必振衣，安能以身之察察，受物之汶汶者乎？""沧浪之水清兮，可以濯我缨；沧浪之水浊兮，可以濯我足。"唐杜甫《寄韩谏议》："今我不乐思岳阳，身欲奋飞病在床。美人娟娟隔秋水，濯足洞庭望八荒。"唐韦庄《菩萨蛮》："桃花春水绿，水上鸳鸯浴。凝恨对残晖，忆君君不知。"唐白居易《香山寺石楼潭夜浴诗》："平石为浴床，洼石为浴斛。"可见，沐浴已大大超越了其基础的洁净身体的作用，而成了诗人抒发个人感怀的载体。

作为一种宗教信仰，回族对于沐浴有着极为细致明确的要求。穆斯林洗小净时使用的浴巾分为两块，一块擦上身称手巾，一块擦下身及脚称脚巾。手巾脚巾分别标有记号，严格区分，不可混用。回族居家洗浴的浴具之一是吊罐，形状似桶，上有口和提手，罐底有一小孔，用木塞或高粱杆塞孔。洗浴时拔开塞子，类似简易淋浴设备。还有一个常用的浴具是汤瓶，形状似壶，上有口和盖，壶身一侧斜出一嘴，另一侧为把手。使用时一手执把手微倾壶身，水即从嘴中流出。在回族聚居区及回族家庭中多备有汤瓶，用以冲手、洗浴。在清真寺洗小净时只用两个汤瓶，洗大净时汤瓶与吊罐并用。使用汤瓶与吊罐是为了遵循淋浴净身时禁用回水的规定，客观上有利于清洁

图 27.2

卫生。

西藏拉萨、日喀则、山南等地藏族同胞有"沐浴节"习俗,藏语称"嘎玛日吉",是一个具有800多年悠久历史的节日。一般在藏历七月六日至十二日举行,历时7天。据说这个期间的水比圣水还要灵验,用它洗澡可以清除百病,全年身体健康;用它洗脸,可以目明耳聪,头脑清楚。藏历七月弃山星(金星)出现之时即是沐浴节开始之日,之后的7天,无论城镇、乡村,无论男女老幼,家家户户带上洗澡用具,来到附近江河,在传说的药王赐下的药水中一洗痛快。老人在河边洗头擦身,年轻人在河中洗濯游泳,孩子们在水边嬉戏打水仗,妇女们清洗衣物被褥,姑娘们在河边精心梳妆打扮。休息时一家人围坐在帐篷里,品尝着青稞酒和酥油茶,弹唱高歌,谈笑戏耍(图27.2)。夕阳西下时是沐浴节的高潮,人们眺望高空的金星沐浴在河中,真可谓是一河欢笑一河歌。有这么多平时享受不到的美妙之处,当然也就没有人肯放弃这一洗了!

28. 水盂

水盂，又称水丞、砚滴，在古代则直呼为“水注”，为历代文具之一，用于书案贮水研墨，最早出现在秦汉。它的形制多种多样，千变万化，但以随形、象形居多，另一些则是圆形的，或扁圆、或立圆。三国两晋时，多作兔形，唐五代时多呈瓜棱形，或具盖、或具进出水孔。取水用时一般以细长柄铜水匙相配合。从材质来说，它的用料非常丰富，有陶土、瓷品、铜质、玉石、水晶、玳瑁、绿松、玛瑙、玻璃、漆器、竹木、景泰蓝等500余种。其图案更是五彩缤纷，宝蓝、钧红、翠绿、乌金、莲青、鹅黄、人物、山水、花鸟、虫草，应有尽有。图28.1为一唐代水盂。

图 28.1

古往今来的文人，历来重视和喜爱文房用具。中国的文房用具除基本的“笔、墨、纸、砚”文房四宝外，还派生出来许多如印章、印盒、水盂、笔洗、笔筒、镇尺、砚屏、臂格、墨盒等等用具。这些文具因小巧而雅致，最能体现文人雅士的审美情趣，在收藏圈里称作文玩。水盂被有关专家称为文房“第五宝”。

水盂除实用价值外，更多的是带有观赏陈设意义。它供置于书斋的案几之上，与砚田相伴，与文人相对。因此，它必须符合主人的情趣，方可入选，包括其材质、工艺、造型、纹饰、画意等等，否则就难以侧身其列了。另外，从养生之道来说，水盂可息心养性，“一洗人间氛垢矣，清心乐志”。从心理学角度来看，水盂可助文思，“几案之珍，得以赏心而悦目”。再往深层究，也有一些是被用来做精神寄托的，有称其为丞兄或丞友的。古人云：“笔砚精良，人生一乐。”因此，水盂等文玩不仅成了文人雅士追求悠闲优雅生活的

一种表征，而且更是一个包罗万象，内涵丰富的收藏天地。

图 28.2

图 28.2 为宋代三足蟾蜍水盂，为越窑青瓷器。这件器物由蟾蜍和托盘两部分组成，通高 6.7 厘米，颜色青绿晶莹。蟾蜍作昂首状，小嘴微开，双目圆瞪，两眼至颈饰桃叶形纹饰，背微隆，沿脊梁有多条阳刻线，或曲或卷，脊线两侧满布乳钉，似瘤疣，极富装饰效果。背脊正中有一注水圆孔，可盛水于蟾蜍体内。两前足支撑自然，触盘轻盈，趾间有蹼。尾部下折，成曲蹲独足，作欲跃之势。托盘取荷叶之形，浅腹袒敞，面刻荷叶脉纹，两侧边缘自然内卷，呈随风摇曳之姿。整器小巧精致，犹如蟾蜍静伏在荷叶上，婉约动人。传说蟾蜍为月中之物，被喻为月的象征，月宫亦称蟾宫，古代科举应试中榜喻称“蟾宫折桂”。水盂是文房用具之一，采用蟾蜍作水盂，隐含“蟾宫折挂”的美好祝愿。

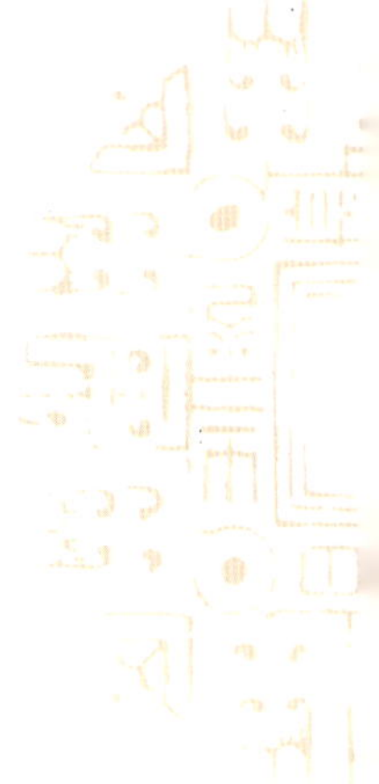

29. 笔洗

图 29.1

笔洗，文房用具，是用来盛水洗笔的器皿。器形比水盂大许多，多见扁圆型。在中国传统的“文房四宝”中，并没有笔洗的位置，但是作为古代文人盛水洗笔的器皿，笔洗以形制乖巧、种类繁多、雅致精美而广受青睐。笔洗的质地很多，包括瓷、玉、象牙和犀角等，其中最为常见的就是瓷质笔洗。传世的笔洗中，有很多是艺术珍品，图 29.1 就是国宝级的稀世珍品，现藏于台北故宫博物院的枢府釉印花洗。

传统的毛笔多少都有些娇贵，名笔之尖更是极娇嫩，写字后必须即刻将笔洗净，否则，墨有胶性，会浸蚀笔尖。古人作学均必洗笔，故王羲之有池水全黑之故事。今人不再洗笔，所以虽终身作书，也不能使池水变黑了。如今的名书画家完成作品之后，也要洗笔，故笔洗是文房清供里的重头角色之一。除了基本的实用价值之外，传世的笔洗大多雅致精巧，造型和装饰各有千秋，赏玩价值也相当高。就器形而言，笔洗以钵盂为基本形，广口内敛，扁圆腹，当然也有长方洗、玉环洗等。此外，还有中间用作笔洗，边盘用作笔掭的“二合一”制品。就质地而言，最为常见的是瓷、玉质，也不乏玛瑙、珐琅、象牙和犀角等名贵材质。瓷笔洗传世量最多，按照时代和工艺品评，价值高低有相当的落差。目前可见的最早作品出自于宋代五大名窑（哥、官、汝、定、钧）。这些笔洗传世品不多，但明清仿制品较多，一般为敞口，浅腹，造型多样，包括花果、鱼、兽等形象。如半个桃实形、枝叶围绕的桃式洗，通体呈葵花瓣形的葵花洗，以及莲花洗、梅花洗、双鱼洗等等。而玉、犀角、象牙和玛瑙笔洗几乎都是明清时期作品，大概与当时的奢靡风气有关，再加上各种手工技艺的发展成熟，一般都雕琢得相当精美。

各种笔洗不但造型丰富多彩，情趣盎然，而且工艺精湛，形象逼真，作为文案小品，不但实用，更可以怡情养性，陶冶情操。笔洗的收藏，尤其是瓷笔洗，市场上鱼龙混杂，所见仿制品较多，不了解这一类别的时代特征和风格，很难分辨真假。但笔洗价格并不是很高，只要具备相关的断代知识，就可以斟酌购买。

图 29.2 为现藏于上海博物馆的哥窑海棠式洗，亦属国宝级稀世珍品。这件哥窑海棠式洗，深灰色胎，青灰色釉。器身满布深褐色“铁线”纹，其间穿插少量的“金丝”，内外有所区别。洗内是密度较大的冰裂纹，外部分三层装饰，由上至下裂纹由疏到密，反映出制瓷工匠控制裂纹的高超技巧。瓷洗造型优美规整，仿海棠花形。口沿设五处内折，呈五瓣花状，腰部有一凸棱，俗称“折腰”。底部内收设浅圈足。釉面裂纹好似花叶的脉络，与器物造型相得益彰。洗底施酱釉一圈。海棠花是古代工艺品中常用的造型或图案题材。因“棠”与“堂”谐音，象征“富贵满堂”。哥窑瓷器十分名贵，多为古代皇室或贵族使用。明代有“内库所藏”、“今亦少有”的记载。

图 29.2

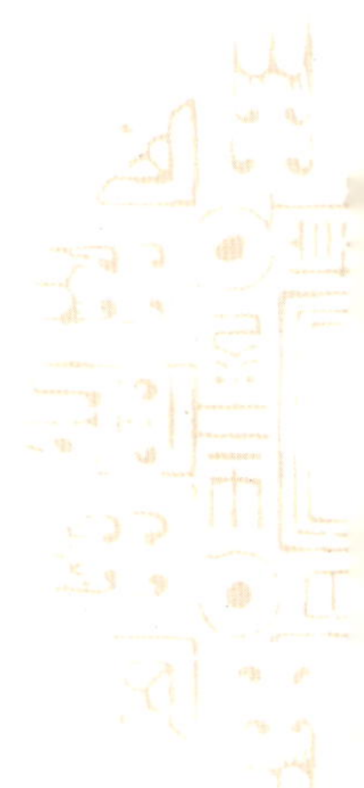

30. 夜壶

夜壶，即便壶、尿壶，为夜晚在被窝里接尿用的茶壶状容器，开口较大，通常为一定年龄的男性所用。因其壶嘴甚大，状如虎口，古人称其为虎子。多为陶制，状如老鳖，所以亦称尿鳖子。夜壶是时代的产物，现在已逐渐淡出我们的视野。

古时的房屋一般没有厕所，再加上御寒的条件差，冬天的夜晚到屋外上厕所多有不便。夜晚被尿憋醒后，迷迷糊糊从热被里钻出来，从床底下摸出夜壶，痛快方便一下。因为是在夜里使用，所以就把尿壶文雅地称为夜壶了。

过去北方男人对夜壶情有独钟，对夜壶的质量要求很高，有钱有地位的男人的夜壶往往是金的银的，稍微差一点的就是铜的，铁的少见。普通的夜壶是瓷的，也有陶的，用陶的就不太上档次了，也不结实，如果釉子上得不均匀的话还可能渗漏。据史书记载，明代永乐皇帝使用的夜壶就是黄金制作的，由贴身太监负责管理，每天晚上管夜壶的太监都要事先打听好皇上要到哪个嫔妃处过夜，提前把夜壶送过去。夜壶在晚上要用棉被包好，使用的时候不能冰凉，否则凉着了皇上可不是闹着玩的。

夜壶古已有之，图 30.1 就是 2006 年 4 月在福建南平出土的距今3 500年至 4 000 年的商周时期的一件“夜壶”，现状完好无缺。它的外形被做成鸭形，工艺相当精美。大概到了明代，男用夜壶开始定型，有了提梁，里外都上了黑釉，既可以防渗漏，又便于清理卫生。据凌濛初在《三言两拍》中无意的记述，明代中叶便有了专门烧制夜壶、便盆的工匠和炉窑了。夜壶、便盆属于阴物，窑工们甚为迷信，怕污窑、崩窑、阴阳不明，因

图 30.1

此，烧制阴物的匠人与烧制普通日用锅、碗、瓢盆的工匠是两类窑工，泾渭分明。在市井百业中，卖夜壶、便盆的行街小贩，多是傍晚出挑，每到一处，把挑子放好，左手拿一便盆，右手持一木棒，一边敲打便盆一边吆喝："方便哩，方便啦！"人们一听就知道是卖夜壶的来了。

图 30.2

夜壶不是什么人都有资格使用的，小孩儿与女人就不能随便用夜壶。女人不用夜壶既与生理结构、心理因素有关，也与古代女人在家中的地位有关。但在大户人家，或者长辈和资格比较老的女人也有用夜壶的。有的地方，男、女用尿壶的名称有区分，男用的叫夜壶，女用的叫尿鳖子。图 30.2 为男用夜壶，图 30.3 为女用夜壶。

关于夜壶的趣话很多。有种说法，说古代能进男人被窝的只有女人和夜壶。夜壶本来叫"虎子"，可在唐朝的时候由于李渊的老爸叫李虎，为了避讳，就改成"马子"了。所以现在一些电影上古惑仔称自己的女朋友是"马子"，其实是一种不尊重的说法。因为，夜晚尿急的时候急不可耐地拿起夜壶，而到了清晨，却没有人愿意主动地端着它给它弄干净，甚至白天它都是房间里的一种负担，可到了晚上它的地位突然之间又变得重要起来，如此日夜循环。所以，有的地方有一句俏皮话："你把我当夜壶！"意思是不用我就把我冷落在一旁，用我时就抬举我。

图 30.3

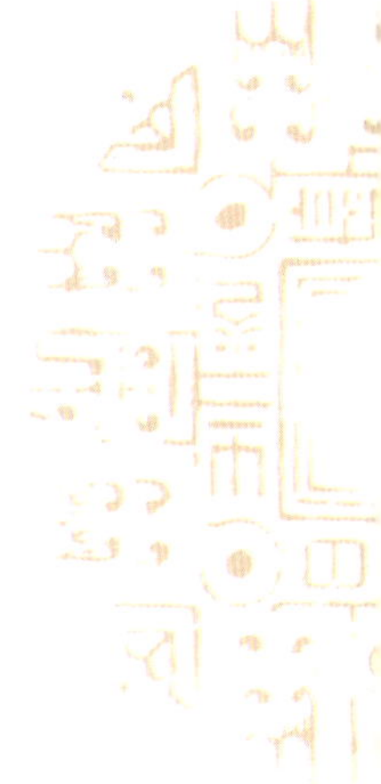

现在居住条件好了，使用夜壶带来的方便已不复存在，夜壶渐渐成为了历史。只是在各大医院住院部里，夜壶还偶有男病人使用，但其名称恐怕要改为"便壶"更合适些。当然，其品质已大为改观，由陶土改为塑料或搪瓷，耐摔、经济。古代千奇百怪的夜壶，除了当时的实用价值，现在都走上博古架，成为难得的艺术品了。

叁 饮水用具

饮水用具的历史源远流长。从古至今，随着时代的变迁，饮水用具在材质、形状方面发生着巨大的变化。不同的时代、不同的地域，饮水用具在材质、形状上也各有不同。历史时代、地域以及技术水平等因素限制着饮水用具的选材。与此同时，饮水用具的材料、形状，又充分体现了该时代技术的发展水平、地域的差异。我们的生活离不开水，我们的生活离不开饮水。饮水用具，或许是我们生活中最为重要、使用最为普遍的水用具了。它的多种多样，是人类智慧的结晶，也是文化的表现形式，至今也是众多收藏家们的挚爱。

煮酒论英雄

■ 东汉末年，曹操挟天子以令诸侯，位高权重；而刘备却势单力薄，为防曹操谋害，不得不行韬晦之计，在住处后园种菜，亲自浇灌。某日，正值刘备浇菜之时，曹操派人请刘备入曹府。刘备胆战心惊地前往，但见曹操欲与之共赏院内枝头的青青梅子，在小亭一会，以青梅煮酒。刘备听后方定心神，随之。但见小亭内已经摆好了各种酒器，遂将青梅放在酒樽中煮起酒来，二人对坐，开怀畅饮。酒至半酣，突然阴云密布，大雨将至，曹操借机大谈龙的德行，将龙比作当世英雄，并问刘备谁是当世英雄，刘备说了几个人，然而都被曹操否定。曹操言之："夫英雄者，胸怀大志，腹有良谋，有包藏宇宙之机，吞吐天下之志者也。"欲借此试探刘备。刘备接着问曹操，那么谁能当英雄呢？曹操说道：当今天下英雄，只有你和我两个！刘备一听，吃了一惊，不慎将手中的筷子掉到地上。正巧突然下大雨，雷声大作，刘备从容地低下身拾起筷子，说是因为害怕打雷，才掉了筷子。曹操问道：大丈夫也怕雷吗？刘备说道，连圣人面对迅雷烈风也会失态，我还能不怕吗？经过这次事件，刘备很好地隐藏了自己的抱负，打消了曹操的疑虑，才有了日后三国鼎立局面的形成。这便是《三国演义》中著名的"煮酒论英雄"。

酒文化是中华文化中重要的组成部分，也是其不可或缺的组成要素。酒具的制造和使用，是人类智慧的结晶，它丰富了酒文化的内涵，是中华文化中灿烂的一章。

31. 瓢

图 31.1

瓢，饮水或取水用具，古时多用葫芦或木头做成，现代更多是塑料制品。一般来说，底部平滑的称作瓢，底部有直弯的称作舀子。由于葫芦在生活中极为常见，经过晒干掏空等简单的加工程序后，葫芦就可以作为饮水和盛水用具。在葫芦的中间系个绳子，系在腰间，十分轻便，易于携带。而将葫芦晾干后剖成两半，就是水瓢，因此在生活中被普遍使用。图 31.1 即为葫芦和瓢。

我国古代以葫芦为水瓢，在《庄子·逍遥游》中写道："魏王贻我大瓠之种，我树之成而实五石；以盛水浆，不能自举也；剖之以为瓢，则瓠落无所容。"这虽然是个寓言，但也反映出葫芦被当作容器和水瓢的两种重要用途。至今在农村用它来舀水、挖面、盛东西很普遍，而在水缸旁必配水瓢，农村妇女做饭，都以添几瓢水计算多少。另外用水瓢淘米可以把米中的杂质过滤出来，不致随米下锅。葫芦还可以做成饭碗、茶杯、饭勺、羹匙一类东西。古人喜喝酒，酒器的名目繁多，葫芦便很自然地被加工成酒杯。《诗经》中"匏"就是指的这种葫芦酒杯。做酒杯只能用小一些的葫芦，大葫芦则用来装酒，也就是平时所说的"酒葫芦"，这在一些影视作品里经常可以见到。在四川木里藏族、纳西族家有一种大酒葫芦，"外皆夸以竹篾，下为圈足"，这样便于保护，平稳，不易倾倒。

水瓢的历史之悠久，还可以从我们的常用俗语中得到印证，比如"按下葫芦，浮起了瓢"、"照着葫芦画瓢"等等，都是我们耳熟能详的常用语。通过这些常用语，我们可以想见古时人们经常用葫芦做成的瓢作为取水、饮水的

用具。这其中的一句，“弱水三千，只取一瓢饮”就包含着历史的痕迹。古时许多浅而湍急的河流不能用舟船而只能用皮筏过渡，古人认为这是由于水羸弱而不能载舟，因此把这样的河流称之为弱水。在《山海经》、《十洲记》等古书中，记载了许多并非同一条而名字都叫“弱水”的河流。《山海经》中“昆仑之北有水，其力不能胜芥，故名弱水”说的就是这个意思，后来人们逐渐用弱水来泛指险而遥远的河流。

智慧的人们不仅善于取材，而且在实用的同时还追求着美的享受、艺术的价值。在现代，瓢已经不再仅仅作为饮水用具，利用瓢自身的材质，别具一格的瓢画也在不断的发展中(图 31.2 为两件瓢画作品)。

图 31.2

32. 水碗

碗作为人们日常必需的饮食器皿，其起源目前已不可考，不过可追溯到新石器时代泥质陶制的碗，其形状与当今无多大区别，即口大底小，碗口宽而碗底窄，下有碗足，高度一般为口沿直径的 1/2，多为圆形，极少方形。不断变化的只是质料、工艺水平和装饰手段。碗的用途一般是盛装食物，因碗的体积较锅、盂小而可用手端盛。碗上阔下窄的形态放在平地上是不稳定的，考古学家推测古人最初可能是将碗放在地上挖出的坑内的。

据考古发现和史料记载，最早的瓷碗是原始的青瓷制品，基本形状为大口深腹平底，使用于商周至春秋战国时期。以后随着时代的演进，制瓷工艺的逐步改善以及人们的审美和实用要求的提高，碗的形状、纹饰、质量也越来越精巧，使用分工也越来越具体多样，如饭碗、汤碗、菜碗、茶碗等。制碗的材料有陶瓷、木材、玉石、玻璃、琉璃、金属等。

不同时期的瓷碗，其形状、釉水、纹饰有着明显差别。唐以前的碗，其型多为直口、平底，施釉不到底，基本无纹饰。唐代的碗型较多，有直口、撇口、葵口等，口沿突有唇边，多为平底、玉壁底及环条形底，施釉接近底部，精制的产品施满釉，有简单的刻花装饰出现。宋代碗其型多为斗笠式、草帽式、大口沿、小圈足，圈足直径大小差不多是口沿的 1/3。釉色多为单色，如影青、黑、酱、白等，纹饰用刻、画、印等手法，将婴戏、动物、植物、文字形象绘在碗的内外壁或内底心上。元代碗型同宋代相比，突出表现为高大厚重，圈足多为内斜多撇，断面呈八字形，多采用印花、刻花装饰。明代碗多鸡心式、墩子式及口沿外向平折式，圈足较为窄细，大多采用画花装饰。画花装饰技法用于碗上，自唐长沙窑起始，至宋磁州窑过渡，经元青花激发，到明代才真正兴盛起

图 32.1

来。明代最多的就是胎体轻薄、白底青花的饮食用碗。清代碗无论在哪一方面均胜过前朝，形状、釉色、纹饰更为丰富多样，工艺制作更为精巧细腻，其中有素三彩、五彩、粉彩装饰的宫廷皇家用碗。图32.1为明成化民窑青花婴戏图纹碗。

现在几乎快成为历史遗物的洗指碗，通常只有在正式的餐宴场合上才会派上用场。通常在上甜点之前，送来洗指碗（也有在上过甜点后，再上洗指碗，供客人清洗手指之用）。洗指碗体积不大，通常以玻璃制成，碗中盛装约3/4的冷水，常见有一朵小花或装饰品浮于水面上。酒店通常会在洗指碗下角垫一块以亚麻或细棉布制成，且缀有花边的小巧精美垫布，放在甜点盘子的中央。当放着洗指碗的盘子端到面前后，客人可以把两手手指分别伸入碗中洗过，然后用餐巾擦干，也可以不用洗。知道了有洗指碗这一说，去参加较为正式的宴会就不会闹出将洗指碗里的水当成汤喝的笑话了。

说到碗，还有一件事情是需要交待的，那就是“锔碗”。“锔”在字典里的解释，是用铜、铁等制成的扁平有钩的两脚钉来连合陶瓷等器物的裂缝。这门手艺已经有上千年的历史了。古时有一童谣是专门唱锔碗的：“锔盆锔碗锔大缸，小孩儿的裤子掉水缸，水缸有个小金鱼，红嘴巴绿嘴唇，你说逗人不逗人儿。”传说当年北京地震，震裂了西四的白塔，大家都发愁，不知道如何修好。一日，街上来了一个锔碗的老汉，他有点怪，一般别人揽活都吆喝“锔碗锔盆锔大缸”，他却吆喝“锔大家伙”。有一老太太拿出一个碗让他锔，他不理，老太太生气了：“白塔个头大，你去锔吧！”老汉闻言没有吱声。当天晚上，有人听到白塔那里叮叮当当地响，第二天早上，人们看到白塔的裂缝上排着锔子，白塔被补好了。这个神话传说，形象地说明了“锔”的手工魅力。图32.2为锔碗图。

图32.2

33. 驼皮碗

驼皮碗，柯尔克孜人制作和使用的皮制器皿，与此类似的还有驼皮壶、驼皮桶等驼皮制品，以及羊皮桶、羊皮袋等羊皮器具，但羊皮器具远不如驼皮器皿结实耐用。

柯尔克孜族是我国古老的畜牧民族。自古以来一直辗转迁徙、游牧于叶尼塞河畔、伊犁河谷和帕米尔高原。独特的生息环境和游牧经济，使这个“马背上的民族”与“沙漠之舟”——骆驼结下了不解之缘。骆驼不仅是他们长途旅行、游牧转场、运物载货的重要交通工具，而且其肉、乳、毛还是他们衣食的原料。更为奇妙的是，柯尔克孜人还以其聪明与才智，创造出了一套用骆驼皮制作生活用品的工艺技术，这在我国其他畜牧民族中还是少见的。

骆驼皮厚实、坚硬、耐磨，勤劳智慧而又极富生活经验的柯尔克孜牧民便根据这些特点，利用不同部位、不同形状、不同大小的驼皮制成各种大小不等、形状不一、轻便灵活而又不怕摔打挤压、美观实用、非常适宜游牧生活的碗、壶、桶等生活器皿。

驼皮碗，是用驼膝皮缝制的碗具。制作时，先将膝关节上的皮整块割下，剥剪成皮套状，刮去外面的毛，剔掉里面的肉和脂肪，然后装上沙子撑成圆形，放置通风处晾晒。待其干后，倒出沙子，加工出与现代碗高矮相似的碗沿。再用两块厚驼皮剪成圆形，缝在一起做碗底，这样，整个碗便初具模型。接下来进行深加工，先用沙子将碗的里外面反复揉搓、打磨，直至光滑，然后抹上酥油，放于文火上熏烤数日，使酥油充分滋润、渗入皮内即成。骆驼起卧时，膝部经常接触地面沙土，因而这里的皮异常厚而耐磨，用这种皮制成的皮碗，呈金黄色，坚硬光滑、易于涮洗而又轻便美观，完全可与现代的细瓷碗相媲美。

驼皮壶，是用驼峰皮制成的盛水工具。制作时，先将骆驼的两个峰割下，刮掉外面的毛和里面的肉、脂肪，然后剪成下大、上小、中间带两月牙形

耳垂的形状，并简单地将两块皮子缝合，装满沙子、撑成壶形，晾晒。待其半干时，再将两块皮子拆开，在其内侧抹上搅拌好的土碱、酸奶子、玉米面等物，卷起后闷上半个月左右，令其上面的肉、脂肪等附着物发酵变软，然后用刀刮净。再用牛筋和皮革剪成的线绳，将两块初具壶形的皮子精心缝制在一起，并在缝合处、壶面、壶嘴等处绣上各种花纹图案，细心加以装饰：有的缝制两道条形图案，有的绣制四道条形图案，用以掩饰壶体相接处的缝线。在壶颈处对称地缝制两只月牙形耳垂。为了美观，不但以图案掩饰接缝处，而且在壶体上也绣上云彩、水波的象形图案，把倒水的"壶嘴"也精巧地弄成一朵盛开的花。这些细心的装饰，其实是对容易出现问题的部位的加固。这种壶，在过去是出远门或应征打仗时随身携带的洗脸净手用具，其优点是不怕磕碰摔打，耐磨实用，是骑马、骑骆驼者的理想用具。

驼皮桶，是用骆驼的脖子皮制成的汲水、盛水工具。其制作方法，是将骆驼脖子整个剥下，用刀剜去里面的骨头和肉，使其成为一个皮筒。然后把外面的毛和里面的脂肪刮干净，将一头缝起，灌满沙子并捣砸结实，挂于通风处晒至半干，使其成为桶状。再将桶里的沙子倒出，在桶壁上抹上酥油、动物油，然后用烟火熏烤一段时间。再剪一块圆形的原驼皮做底，用牛筋或其他皮线把桶与底细密地缝好。最后再在皮桶上面两侧穿孔，拴上皮绳作提梁，即成。这种桶轻便耐用，可盛装五六公斤水或奶。

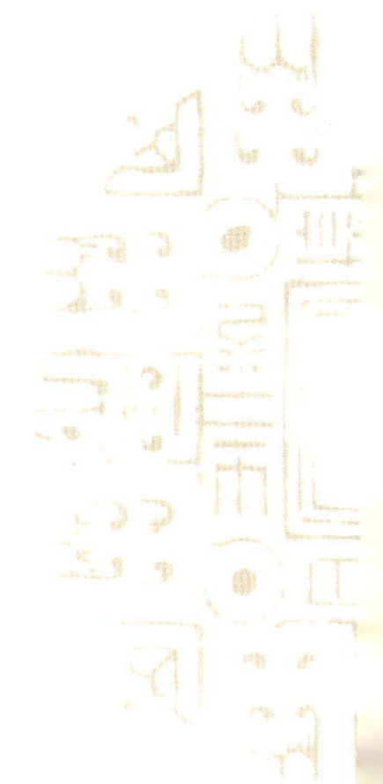

柯尔克孜人制作和使用皮制器皿的历史已非常悠久了。然而，随着时代的发展、大量现代材料和日用品的流入，许多传统的皮质生活器具已逐渐少见了。但驼皮碗、驼皮壶、驼皮桶等驼皮制品却以其独特的性能，仍然深得柯尔克孜人的青睐。不过，它已不仅仅是简单的生活用品，而且已成为人们所喜爱的、具有浓郁柯尔克孜民族风格的精美手工艺品了。

34. 水杯

图 34.1

水杯,盛饮料或其他液体的器具,多为圆柱状或下部略细,一般容积不大。根据制作材料,水杯的发展可分为三个阶段。

一是陶制阶段。在原始或奴隶社会,水杯主要是陶器。在公元前 1750—1500 年间,曲贡陶器的造型之丰富可谓高原陶器发展史上的巅峰时期,代表着西藏高原新石器时代末期制陶工艺的最高水平,具有极为浓郁的高原地域色彩。图 34.1 为河南省郑州商代遗址出土黑灰陶杯。该杯高 11.6 厘米,口径 9.6 厘米,底径 6.5 厘米,细泥质黑灰陶。敞口、圆唇、壁斜直,平底。器侧有一扁体拱形鋬,鋬顶凸出 4 个扉牙,形似兽头鋬。壁表饰两周宽弦纹。通体磨光,形制别致,系实用与美观相结合的罕见精致陶杯。

二是瓷制阶段。在封建社会的晚期,瓷器发展到巅峰。明代景德镇御窑厂烧制的宫廷用器,明清文献多有记载,颇为名贵。明万历年间《神宗实录》载"神宗时尚食,御前有成化彩鸡缸杯一双,值钱十万",由于鸡缸杯的名贵,引来仿制不息。清康熙、雍正、乾隆、嘉庆、道光各代无不仿烧。康熙时仿品最佳,从造型到纹样都贴近原作,鉴别时须从造型、胎釉、色彩及款识上仔细品察。

图 34.2

图 34.2 为明成化瓷杯。杯口微侈,壁矮,以鸡为主题纹饰,故名鸡杯,因其状似缸,又称鸡缸杯。纹饰彩绘于外壁,有鸡纹二组,以奇石花卉间隔。一组公鸡在前昂首护卫,母鸡在后低头觅食,三仔鸡围绕在旁,张口展翅,似为妈咪觅得食物而欢呼。另一

组亦为二老三少组合，母鸡振翅低头，正奋力与猎物搏斗，前立一小鸡为母鸡加油，并作充分准备，随时可加入战阵，也许母鸡振翅奋战，惊动了在前护卫的公鸡，蓦然回首，关爱之情不言而喻，另二仔鸡则嬉戏于花丛下，怡然自得。釉上色彩有红、黄、褐、绿等，浅染深描，或是二色重迭，搭配巧妙，架构了一幅活泼生动、祥和欢乐的天伦图。此杯以新颖的造型、清新可人的装饰、精致的工艺而历受赞赏，堪称明成化斗彩器之典型。

三是玻璃塑料阶段。这就是我们现在常用的水杯了。水杯在历史的长河中到底经历了多少变迁，实无法考证。但仅就现在的水杯而言，也已改朝换代数次了。经济状况不好的年代，农家喝水是没有水杯的，无论是招待客人泡茶，还是喝酒，用的都是碗，所以，那时候饭碗就是水杯和酒杯。而要下地干活时，用的是“竹桶”，这是一种很原始也很简单的盛水工具。老百姓就地取材，截取毛竹的一节，刮去青皮，保留两个结头，在其中的一端开个小口，再留出一耳，在上面钻一小洞，串一根绳子，即可挂在锄头柄的一头，装着可凉可热的茶水，随主人下田干活了。后来，陶瓷杯开始进入寻常人家，只是这杯子经不起摔打，一不小心就会碎了杯盖或断了杯柄。再后来，玻璃杯、不锈钢杯、真空保温杯(图 34.3)等等，水杯开始花样叠出。现在的水杯不仅能储水，而且美观保温。

图 34.3

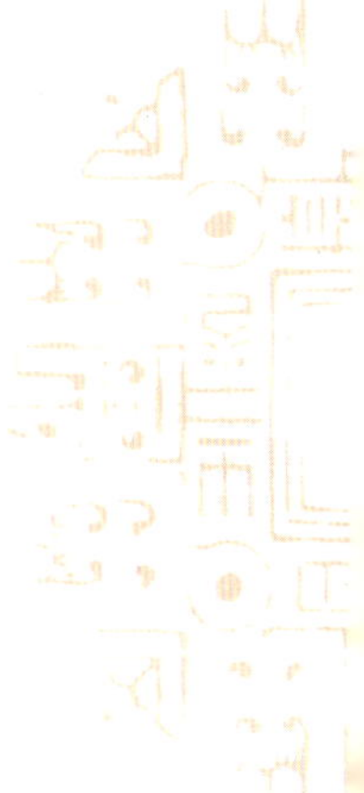

35. 茶壶

图 35.1

茶壶,茶具的一种,用以泡茶。中国是世界上茶叶的主要产地,是茶的故乡,饮茶之习,古已有之。茶不仅其味清香,而且能消暑解毒,理气顺食,提神助思。中国茶叶品类繁盛,且在品饮中,特别讲究色、香、味、形,因此需要一系列能充分发挥各类茶叶特质的器具,这就使得中国的茶具异彩纷呈。无论是造型的优美,质地的精良,都有它的独到之处。中国茶具是中国茶文化不可分割的重要组成部分。

茶壶由壶盖、壶身、壶底和圈足四部分组成(图 35.1)。由于壶的把、盖、底、形的细微部分的不同,壶的基本形态就有近 200 种。以壶把划分,有侧提壶、提梁壶、飞天壶、握把壶、无把壶;以壶盖划分,有压盖、嵌盖、截盖壶;以壶底划分,有捺底、钉足、加底壶;以茶壶有无滤胆分,有普通壶、滤壶;以茶壶的形状分,有筋纹形、几何形、仿生形、书画形壶等等。

按质地划分,我国茶壶的种类有:陶土茶壶,其中的佼佼者首推宜兴紫砂茶壶;瓷器茶壶,包括白瓷茶壶、青瓷茶壶、黑瓷茶壶,其中景德镇瓷器赫赫有名;漆器茶壶,主要产于福建福州一带;玻璃茶壶,玻璃古称琉璃;金属茶壶,用金、银、铜、锡等金属制作的茶壶;竹木茶壶,隋唐以前茶壶除陶瓷器外,民间多用竹木制作而成。中国历史上还有用玉石、水晶、玛瑙等材料制作的茶壶,但总的来说,在茶具史上仅居于很次要的地位。

茶壶在唐代以前就有了。唐代人把茶壶称“注子”,其意是指从壶嘴里往外倾水,据《资暇录》载:“元和初(公元 806 年,唐宪宗时)酌酒犹用樽杓注子,其形若罂,而盖、嘴、柄皆具。”罂是一种小口大肚的瓶子,唐代的茶壶类似瓶状,腹大便于装更多的水,口小利于泡茶注水。后人把泡茶叫作“点

注”，就是根据唐代茶壶有“注子”一名而来。约到唐代末期，世人不喜欢“注子”这个名称，甚至将茶壶柄去掉，整个样子形如“茗瓶”，因没有提柄，所以又把茶壶叫“偏提”。

明代茶道艺术越来越精，对泡茶、观茶色、酌盏、烫壶更有讲究，要达到这样高的要求，茶具也必然要改革创新。比如明代茶壶开始看重砂壶，就是一种新的茶艺追求。因为砂壶泡茶不吸茶香，茶色不损，所以砂壶被视为佳品。据《长物志》载：“茶壶以砂者为上，盖既不夺香，又无热汤气。”说到宜兴紫砂壶几乎无人不知，而宜兴紫砂壶正是在明代始有名声的。

茶具的革新一日未曾停过，一种可倒出两种茶水的紫砂“鸳鸯茶壶”，2006 年底在陶都宜兴烧制出炉，被人们称为紫砂壶中一绝（图 35.2）。这种茶壶采用了液体在大气压作用下自然流出的物理原理，在壶内设有隔层，同时在壶盖顶端设有两个气眼，使用时按住左边的气眼，倒出的是一种茶水；按住右边的气眼，倒出的则是另一种茶水。这种壶工艺复杂，做工精细，既实用，又具收藏价值。

图 35.2

36. 茶盏

茶盏，茶具的一种，用以装盛泡好的茶汤。茶具，古代亦称茶器或茗器。西汉辞赋家王褒《僮约》有“烹茶尽具，酺已盖藏之约”，这是我国最早提到“茶具”的一条史料。到唐代，“茶具”一词在诗文里处处可见，中唐诗人白居易《睡后茶兴忆杨同州诗》中有：“此处置绳床，旁边洗茶器。”晚唐文学家皮日休《褚家林亭诗》有“萧疏桂影移茶具”之语。唐以后各朝代的书籍中都可以看到“茶具”一词。

茶盏是古代一种饮茶用的小杯子，是茶道文化中必不可少的器具之一。茶盏在唐以前已有，《博雅》中称“盏杯子”。宋时开始有“茶杯”之名，宋陆游诗云：“藤杖有时缘石磴，风炉随处置茶杯。”现代人多称茶杯、茶碗或茶盏。

我国茶文化兴起于汉唐，盛于宋代，茶盏也随同茶文化的兴盛而有较大的变化。宋代茶盏非常讲究陶瓷的成色，尤其追求茶盏的质地、纹路细腻和厚薄均匀。据宋蔡襄《茶录》载：“茶白色、宜黑盏，建安所造者绀黑，纹路兔毫，其杯微厚，熁火，久热难冷，最为要用，出他处者，或薄或色紫，皆不及也。其青白盏，斗试家自不用。”这样的茶盏才堪称一流产品。依这段史料可以看出，当时已经注意到评价茶盏好坏的三个因素：茶具的搭配关系，以体现更好的茶色与茶香；茶盏表面的细纹，精致到“纹路兔毫”的地步；茶杯中热气的散发程度，即为“熁火”。

《长物志》中还记录有明朝皇帝的御用茶盏，可以说是我国古代茶盏工艺最完美的代表作。《长物志》说：“明宣宗（朱瞻基）喜用尖足茶盏，料精式雅，质厚难冷，洁白如玉，可试茶色，盏中第一。”三足茶盏世属罕见。明朝的第十一代皇帝明世宗（朱厚熜）则喜用坛形茶盏，时称“坛盏”，并特别刻有“金箓大醮坛用”的字样。据史料记载，明代贵重的茶盏主要是“白定窑”的产品，白定即指白色定瓷窑，这种窑瓷在宋代建于定州。白定茶盏的缺点是

"热则易损",因此在明朝白定窑茶盏始终是作为"藏为玩器,不宜日用"(图 36.1 为明永乐青花压手杯)。

图 36.1

在唐宋时期,用于盛茶的碗,叫"茶糖"(碗)。茶碗也是唐代一种常用的茶具,茶碗当比茶盏稍大,但又不同于如今的饭碗,当是一种"纤纤状"如古代酒盏形。唐白居易《闲眠诗》云:"昼日一餐茶两碗,更无所要到明朝。"韩愈《孟郊会合联句》说:"云纭寂寂听,茗盌纤纤捧。"从诗词来看,唐宋文人墨客大碗饮茶,以茗享洗诗肠的那般豪饮,从侧面反映出古代文人与饮茶结下了不解之缘(图 36.2 为唐代越窑茶碗)。

随着时代的变迁,人们的日常品茶升华为一种文化,一种为全民族所共有的文化,而茶具也就成为这种独特文化的载体。饮茶进入艺术品饮的唐宋时代,人们不仅开始讲究茶叶本身的色、香、味、形,也开始讲究起茶具之完备、精巧,乃至茶具本身的艺术美,以增加人们的感官享受,达到身心的进一步调适和谐。茶盏也按照饮茶的流程被分成为几种类型,用以冲泡茶叶的称作冲泡盅,用于均匀茶汤浓度的称作茶盅、茶海,用于盛放泡好的茶汤并饮用的称作茶杯,用于闻嗅留在杯里的香气的叫作闻香杯,等等。

图 36.2

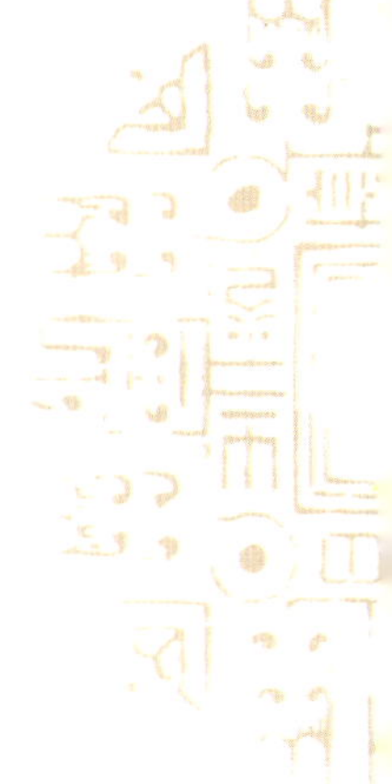

37. 茶船

图 37.1

茶船，茶具的一种，用以放置茶壶。古代茶具主要有茶壶、茶盏等陶瓷制品，茶船是它们的配套用具。将茶壶搁置在茶船之上，既可增加美观，又可防止茶壶烫伤桌面。茶船有盘状、碗状、夹层状。茶船除防止茶壶烫伤桌面、冲泡水溅到桌面外，有时还作为“温壶”、“淋壶”时蓄水用，观看叶底用，盛放茶渣和涮壶水用，并可以增加美观。图 37.1 为清代青花茶船。

茶船是承托茶壶的茶具，而杯托则是承载茶盏的器具。杯托有盘形、碗形、高脚形、圈形等。杯托虽是小小一物，却也有一段故事。传说唐建中年间，蜀相崔宁之女饮茶时怕茶杯烫着手指，遂命丫鬟以小碟托杯，碟心用蜡捏成刚好嵌住杯底的小环，端拿时杯子不会晃动倾倒，又免于挨烫，后又请人依样做成漆器。崔宁见了，十分高兴，名之曰“托”，从此便流传开来，延用至今。因此，杯托的要求必须是易取、稳妥和不与杯粘合。

图 37.2

放置茶壶的茶具被命名为茶船，不知是不是寄托了古人发扬光大茶文化的意思。事实上，中国的茶文化的确乘坐海船漂洋过海，成为世界各国茶文化的摇篮。中国传统茶文化同各国的历史、文化、经济及人文相结合，进而演变成英国茶文化、日本茶文化、韩国茶文化、俄罗斯茶文化及摩洛哥茶文化等。在英国，饮茶成为生活一

部分，是英国人表现绅士风度的一种礼仪，也是英国女王生活中必不可少的程序和在重大社会活动中必需的仪程。日本茶道具有浓郁的民族风情，并形成独特的茶道体系、流派和礼仪。韩国人则认为茶文化是韩国民族文化的根，并将每年5月24日定为全国茶日。

图 37.3

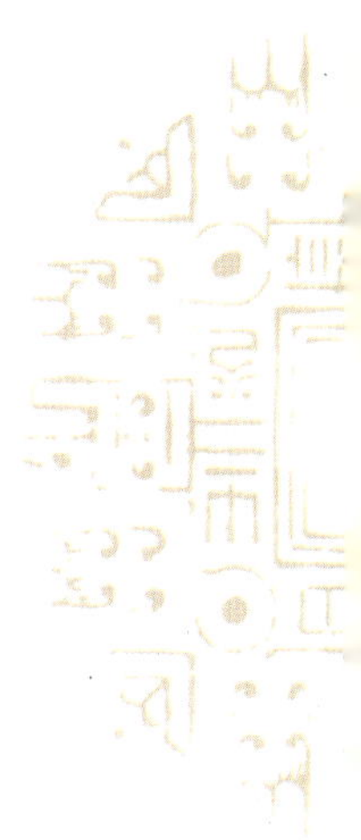

38. 酒壶

酒壶，盛酒器，自古至今，种类繁多。盛酒器具是一种盛酒备饮的容器。其类型主要有尊（图 38.1）、壶、区、卮（图 38.2）、皿、鉴、斛、觥、罍（图 38.3）、瓮、瓿（图 38.4）、彝（图 38.5）、斗。每一种酒器又有许多式样，有普通型，有动物造型。以尊为例，有象尊、犀尊、牛尊、羊尊、虎尊等。酒器中的壶主要盛行于春秋战国时期。造型多种多样，有方壶、扁壶、圆壶等，大致特征为：有盖，两侧有耳，腹部较大，颈部较长。商代青铜壶多为扁壶，周代时器形渐趋于成熟，东周时则以扁圆壶及方壶作为当时青铜器的代表，外形、纹饰也更加丰富。扁壶在战国时自名为钾，战国以后，大腹的圆壶自名为钟，汉代时方壶自名为钫。

图 38.1

图 38.2

图 38.3

图 38.4

图 38.5

图 38.6 为西汉时期的错金银鸟篆文壶，为高 44.2 厘米，口径长 15.6 厘米的青铜制品。错金银是古代金属细工的装饰技法之一，具体做法是用金银丝、片嵌入青铜器，构成纹饰或文字，然后错平磨光。鸟篆文是一种近于图案的文字，春秋战国时已出现，因其形与鸟、虫相似，亦称鸟虫书。西汉的错金银器物，当属河北满城县窦绾墓出土的鸟篆文壶最为精美，其盖面与器身上嵌有 42 字铭文，铭文内容反映了祈求长生不老的神仙思想。

图 38.6

在我国酒壶历史上，还出现过功能特殊的壶。其中，图 38.7 所示为北宋耀州窑出品的一种倒流瓷壶。该壶壶高 19 厘米，腹径 14.3 厘米，它的壶盖是虚设的，不能打开。

在壶底中央有一小孔，壶底向上，酒从小孔注入。小孔与中心隔水管相通，而中心隔水管上孔高于最高酒面，当正置酒壶时，下孔不漏酒。壶嘴下也是隔水管，入酒时酒可不溢出，设计颇为巧妙。

图 38.7

宋朝皇宫中还曾使用过一种鸳鸯转香壶，它能在一壶中倒出两种酒来。鸳鸯转香壶是我国古代广为流传的一种神奇酒具，创于何代、何人所创均无据可考，但历代都以“稀世珍宝”传闻于世。传说，鸳鸯转香壶始见于汉代。汉惠帝死后，其子刘恭被立为皇帝，吕雉怕刘恭之母张皇后与她争权，就用当时宫中仅有的一把鸳鸯转香壶装了两种酒，其中一种是毒酒，在饮宴时将张皇后毒死。此壶至何代绝世也无从查考，现在河南睢县人氏汤本茂已经将其重新制造出来(图 38.8 即为鸳鸯转香壶的仿制品)。

图 38.8

远古时的酒，是未经过滤的酒醪，成糊状，粘稠，半流质的样子，不能喝只能吃，所以最早的盛酒器不是壶，而是碗或钵等大口食器。那个时期食器和酒器应该是不分家的。食器和酒器的主要制作材料是陶、角、竹木等。夏商周时期，酒器主要是陶器和青铜器，少数为漆器。

商周以后，青铜酒器逐渐衰落。秦汉之际，在中国的南方漆制酒具流行，并成为两汉、魏晋时期的主要类型。漆制酒具基本上继承了青铜酒器的形制，有盛酒器具、饮酒器具。饮酒器具中，漆制耳杯是较为常见的。漆制酒具的形状也与人们的饮酒习惯密切相关。汉代，人们饮酒一般是席地而坐，酒樽置于中间，里面放着挹酒的勺，饮酒器具也置于地上，故形体较矮胖。魏晋时期开始流行坐床，酒具又变得较为瘦长。瓷器大致出现于东汉前后，与陶器相比，不论是酿造酒具还是盛酒或饮酒器具，瓷器的性能都超越陶器。唐代的酒杯形体比过去要小得多，故有人认为唐代出现了蒸馏酒。唐代出现了桌子，也出现了一些适于在桌上使用的酒具，如注子，唐人称为“偏提”，其形状似今日之酒壶，有喙，有柄，既能盛酒，又可注酒于酒杯中，因而取代了以前的樽、勺。宋代是陶瓷生产鼎盛时期，有不少精美的酒器。宋代人喜欢将黄酒温热后饮用，故发明了注子和注碗配套组合，以便温酒。明代的瓷制酒器以青花、斗彩、祭红酒器最有特色。清代瓷制酒器具有特色的有珐琅彩、素三彩、青花玲珑瓷及各种仿古瓷。在历史上，还有由金、银、象牙、玉石、景泰蓝等材料制成的酒器，极具观赏价值。

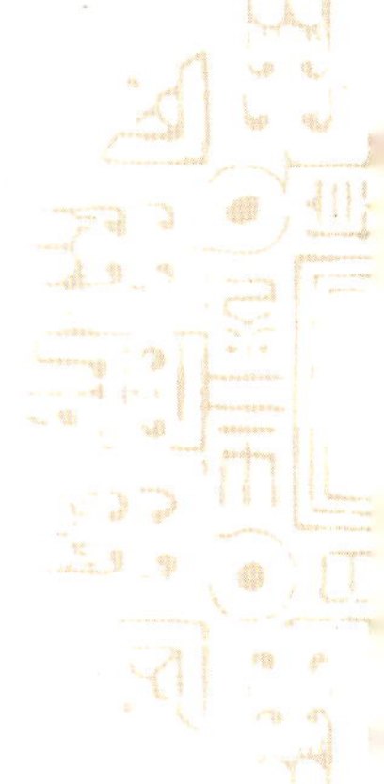

39. 酒杯

酒杯，在饮酒器具中是最基础的，也是使用最为广泛的用具之一。从古至今，它的种类繁多、材质不一、造型各异。各种各样的酒杯将文化的韵味与艺术的想象巧妙结合，独特的造型是人类智慧的渲染、想象力的延伸，同时也提升了酒的品味、饮酒的乐趣。

说到饮酒之器，我们便会联想到文学作品中的描写。从成语中的"觥筹交错"，到江湖豪杰"以瓢沽酒"或"大碗筛酒"，从书圣王羲之借"曲水流觞"饮酒，诗仙李白"会须一饮三百杯"，再到苏东坡"一樽还酹江月"，范仲淹"把酒临风，其喜洋洋者也"，直至李清照"三杯两盏，怎敌他、晚来风急"等诗文中的"觥""樽""杯""盏"，等等，皆是饮酒器具。只不过，时代不同而饮者别，上古之人临池用手掬捧而饮，草莽英雄瓢舀碗盛豪饮，文人雅士持杯把盏酌饮。

古代饮酒器主要有角、爵、杯、觥、筹、觚、觯、舟、尊、觞、钟、酌等。不同身份的人使用不同的酒器，如《礼记·礼器》篇明文规定："宗庙之祭，尊者举觯，卑者举角。"中国古代饮酒之器都按照一定的容量来设计制造，以起到示量节饮的作用。对此，周朝明确规定：一升曰爵（图39.1），二升曰觚（图39.2），三升曰觯（图39.3），四升曰角（图39.4），五升曰散，六升曰壶。这种青铜器的格式和规格一直沿袭到清代。

图 39.1

图 39.2

图 39.3

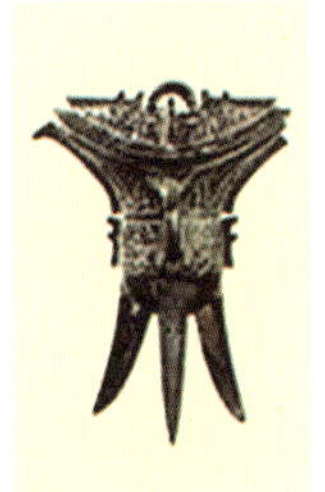
图 39.4

图 39.5

图 39.5 为北京故宫博物院收藏的一件五代时期的越窑瓷器精品鸟形杯。敞口，高圈足，杯身一侧贴一展翅欲飞的圆雕鸟，鸟的头部高出碗口，另一侧贴鸟尾，尾末端略高，尾中部与腹部相连为柄，鸟的身部、翅膀及尾部均有划道装饰。杯子里外满釉，呈青色，有细小开片。整个器体为一鸟形，精巧玲珑，式样优美。西晋左思《吴都赋》曾用“里宴巷饮，飞觞举白”八个字来描述吴越地区饮酒风气之炽盛，东吴的陶工，正是在这种风气的熏陶引导下，设计制造出这种别致的飞鸟形酒杯。宋代陆游曾有诗《九月十一日疾小间夜赋》写道：“可怜未遽忘风月，犹梦华觞插羽飞。”描写的正是这些似乎插了羽毛的鸟形酒杯。隋唐五代时期的制瓷工匠们，多把精力投入到开发新的釉色、改进釉色质量和刻意描绘器表纹饰上面，而对器型的设计则不如前代。但是越窑的匠师们似乎自创烧青瓷始，就喜欢在器物造型上下功夫，他们制作了大量模仿动物的肖形器具，其中鸟形瓷杯尤为他们所青睐。

有一种酒杯叫作“戒盈杯”，又称“公道杯”、“九龙杯”，该杯上面是一只杯，杯中有一条雕刻而成的昂首向上的龙，酒具上绘有八条龙，故称九龙杯。杯下面是一块圆盘和空心的底座，斟酒时，如适度则滴酒不漏，如超过一定的限量，酒就会通过“龙身”的虹吸作用，将酒全部吸入底座，故称戒盈杯、公道杯。相传，戒盈杯是唐朝的传家宝。寿王与杨玉环婚喜之日，唐明皇赠此杯，并问杨玉环可知用意，杨说：“父皇赐此杯，是教导我们，凡事要适度，不可过贪，否则将一无所得。”唐明皇含笑点头。九龙公道杯在明代永乐年间景德镇御器厂也有出品，现景德镇仍有生产(图 39.6)。福建德化窑制品较为多见，但其杯内瓷雕造型一般以寿星人物为主，是一件集工艺性、知识性、趣味性和审美性于一器、欣赏与收藏并重的特色瓷。

图 39.6

现代酿酒技术和生活方式对酒具产生了显著的影响。进入 20 世纪后，由于酿酒工业发展迅速，留传数千年的自酿自用的方式正逐渐被淘汰。现代酿酒工厂，白酒和黄酒的包装方式主要是坛装，对于啤酒而言，有瓶装、桶装、听装等。由于瓶装酒在较短时期内就得以普及，故百姓家庭以往常用的贮酒器、盛酒器随之而消失，而饮酒器具则是永恒的。

40. 鉴

鉴，盛水器，古人常用来温酒。古代人们喜欢喝温酒，温酒不伤脾胃。夏季也嗜喝冷酒，冷酒可以避酷暑。饮酒前用温酒器将酒加热，配以杓，便于取酒。温酒器有的称为樽，汉代流行。铜冰鉴便是温酒器中的代表者。

图 40.1

鉴作为重要的盛水器，通常有三种用处：其一，是盛水用以洗浴；其二，贮水藉以照面；其三，用来装冰，即《周礼》中所说的冰鉴。它形体一般很大，大口、深腹、平底，也有圈足，两侧有兽耳。青铜鉴出现于春秋中期，春秋晚期和战国时代最为流行，西汉时期仍有铸造。

图 40.1 所示铜冰鉴是战国早期的一件冰酒器，原器 1977 年出土于湖北随县曾侯乙墓中。此鉴通高 61.5 厘米，边长 62 厘米，重 170 公斤。铜冰鉴鉴身为方形，其四面、四角一共有八只龙耳，作拱曲攀伏状。这些龙的尾部都有小龙缠绕，还有两朵五瓣的小花点缀其上。四足是四只动感很强、稳健有力的龙首兽身的怪兽。四个龙头向外伸张，兽身则以后肢蹬地作匍匐状。整个兽形看起来好像正在努力向上支撑铜冰鉴的全部重量。鉴和樽缶均饰以变形蟠螭纹、勾连纹和蕉叶纹等，并均有“曾侯乙作持用终”铭文。

铜冰鉴由内外两件器物构成，外部为鉴，鉴内置一樽缶。鉴与樽缶之间有较大的空隙。夏季，鉴缶之间装冰块，缶内装酒，可使酒凉。可以说，铜冰鉴是迄今为止发现的最早、最原始的“冰箱”。当然亦可以在鉴腹内加入温水，使缶内的美酒迅速增温，成为冬天饮用的温酒。这样就可以喝到“冬暖

夏凉”的酒。

古人饮酒喜欢温热后再饮。晋代文人左思在《魏都赋》中就有“冻体流澌，温酎跃波”的词句，明确说到温酒。特别是绍兴黄酒，在特制的温酒桶中加热后，更是散发出醇厚的香味，绝对可以体会到“温酒浇枯肠，戢戢生小诗”的意境。古人书籍中记载的关于温酒的故事很多，著名的有《三国演义》中的“温酒斩华雄”。

关于温酒器的记载，除了上面提到的青铜冰鉴以外，唐代开始出现大量的金银材质的温酒器具，造型华丽端庄，制作精细。宋代是中国瓷业发展的高峰，温酒器如注碗的出现，成为当时一种最普遍使用的温酒器具，它由注子和温碗组成。注子是盛酒器，温碗是温酒器，广口，碗壁直而深，圆筒状，有的通体呈莲花形，大小依注子而定。使用时将注子置于温碗内，倒入热水即可温酒。明清时期，温酒具出现了日新月异的变化，形制繁多，有温碗、温酒壶、温酒炉、温酒罐，材质更是多种多样。下图所示为其他各式温酒器。图 40.2 为清银镶料烫酒壶，图 40.3 为民国白铜花鸟温酒壶，图 40.4 为清六方紫砂温酒壶。

图 40.2

图 40.3

图 40.4

41. 禁

禁，是承酒樽的器座，有方形和长方形两种形式，四面有壁，并有长方孔。青铜禁传世和考古发掘都很少见，最早见于西周早期，春秋偶尔也有禁，流传甚少。它主要用作樽、卣、觚类酒器的器座。

周人所谓的“禁”，可能有禁戒饮酒的意思。周朝时，从周文王开始，就“约法三章”，只有祭祀方可用酒，即“祀兹酒”，他感到酒对百姓来说，有百害而无一利，“我民用大乱丧德，亦罔非酒惟行”，“小大邦用丧，亦罔非酒惟辜”，百姓的昏乱失德，邦国的衰弱灭亡，其全部责任在其看来非酒莫属。所以周人注意戒酒，“克用文之教，不腆于酒”。

历史上儒家的学说被奉为治国安邦的正统观点，酒的习俗同样也受到儒家酒文化的影响。儒家讲究“酒德”两字。酒德两字，最早见于《尚书》和《诗经》，其含义是说饮酒者要有德行，不能像商纣王那样，“颠覆厥德，荒湛于酒”。《尚书·酒诰》集中体现了儒家的酒德，这就是“饮惟祀”，只有在祭祀时才能饮酒；“无彝酒”，不要经常饮酒，平常少饮酒，以节约粮食，只有在生病时才宜饮酒；“执群饮”，禁止民众聚众饮酒；“禁沉湎”，禁止饮酒过度。儒家并不反对饮酒，用酒祭祀敬神，养老奉宾，都是德行。

我国古代饮酒还有以下一些礼节：主人和宾客一起饮酒时，要相互跪拜。晚辈在长辈面前饮酒，叫侍饮，通常要先行跪拜礼，然后坐入次席。长辈命晚辈饮酒，晚辈才可举杯；长辈酒杯中的酒尚未饮完，晚辈也不能先饮尽。

古代饮酒的礼仪一般有四步：拜、祭、啐、卒爵，就是先作出拜的动作，表示敬意；接着把酒倒出一点在地上，祭谢大地生养之德；然后尝尝酒味，并加以赞扬令主人高兴；最后仰杯而尽。在酒宴上，主人要向客人敬酒（叫酬），客人要回敬主人（叫酢），敬酒时还要说上几句敬酒辞。客人之间相互也可敬酒（叫旅酬），有时还要依次向人敬酒（叫行酒）。敬酒时，敬酒的人和被敬

图 41.1

的人都要“避席”，起立。普通敬酒以三杯为度。

图 41.1 所示为东周时期的“云纹禁”，高 28 厘米，长 107 厘米，宽 47 厘米。从周代中晚期开始，逐渐在楚地形成了以云纹特别是动物和云纹结合的变体云纹为主的装饰风格。这股风气到秦汉时已是弥漫全国，达到了极盛。在古人看来，云是吉祥和高升的象征，是圣天的造物。云纹禁精美的镂雕艺术运用了当时先进的失蜡法工艺。该工艺的运用使得云纹禁由表层纹饰与内部多层铜梗构成的复杂空间立体装饰，获得层次丰富、花纹精细清晰有如发丝的艺术效果。

图 41.2

42. 酒令筹筒

酒令筹筒，是用来装盛酒令银筹的专门器物，属娱酒器具中的一类，是一种特殊的酒器。

饮酒行令，是中国人在饮酒时助兴的一种特有方式。酒令由来已久，开始时可能是为了维持酒席上的秩序而设立"监"。汉代有了"觞政"，就是在酒宴上执行觞令，对不饮尽杯中酒的人实行某种处罚。在远古时代就有了射礼，为宴饮而设的称为"燕射"，即通过射箭决定胜负，负者饮酒。古人还有一种被称为投壶的饮酒习俗，源于西周时期的射礼。酒宴上设一壶，宾客依次将箭向壶内投去，以投入壶内多者为胜，负者受罚饮酒。总的说来，酒令是用来罚酒的，但实行酒令最主要的目的是活跃饮酒时的气氛。何况酒席上有时坐的都是客人，互不认识是很常见的，行酒令就像催化剂，顿使酒席上的气氛活跃起来。饮酒行令在士大夫中特别风行，他们还常常赋诗撰文予以赞颂。白居易诗曰："花时同醉破春愁，醉折花枝当酒筹。"后汉贾逵并撰写《酒令》一书，清代俞效培辑成《酒令丛钞》四卷。

行酒令的方式可谓是五花八门。文人雅士与平民百姓行酒令的方式自然大不相同，文人雅士常用对诗或对对联、猜字或猜谜等，一般百姓则用一些既简单，又不需作任何准备的行令方式。最常见也最简单的是"同数"，现在一般叫猜拳、击鼓传花等。

图 42.1

图 42.1 所示"论语玉烛"银酒令筹筒，于 1982 年在江苏省丹徒县丁卯桥附近出土。通高 34.2 厘米，筒深 22 厘米，龟长 24.6 厘米。该器物呈龟驮圆筒状，就像是龟背上竖立一根粗壮的蜡烛。称之为"论

语玉烛”，是由于“玉烛”原是唐代对白蜡烛的雅称，后又可泛指酒令筹筒。这件酒令筹筒的上半部恰似一根蜡烛，而内装的50根酒令筹上的酒令辞均选自《论语》，所以叫做“论语玉烛”酒令筹。将《论语》运用到酒令当中，更是增加了饮酒的文化品味。

中国人的好客在酒席上发挥得淋漓尽致，人与人的感情交流也往往在觥筹交错中得到深化。中国人劝人饮酒时的敬酒方式主要有文敬、武敬、罚敬等几种方式。文敬，是传统酒德的一种体现，即有礼有节地劝客人饮酒；武敬，与其说是敬酒，勿宁说是以理压人、以势压人或者竟是动手动脚强迫他人喝酒了；罚敬即罚酒，这是中国人敬酒的一种独特方式。罚酒的理由五花八门，最为常见的可能是对迟到者的“罚酒三杯”。酒席桌上，为了使对方多饮酒，敬酒者会找出种种必须喝酒的理由，若被敬酒者无法找出反驳的理由，就得喝酒。如果实在不能喝，又有人肯代饮，则是一种既不失风度，又不至于使宾主扫兴的选择。

肆 提水用具

随着生产工具的不断改进，提水用具的种类也越来越丰富，越来越科学和先进。提水用具的使用，是人类对自然规律和水的物理性质的利用，是智慧的结晶。提水用具的发展，使水的使用范围大大扩展，效用也大大提高。提水用具往往具有很强的实用性，同时也极具艺术观赏价值。

三个和尚

■ 山上有座小庙，庙里有个小和尚。他每天挑水、念经、敲木鱼，给观音菩萨案桌上的净水瓶添水，夜里不让老鼠来偷东西，生活过得安稳自在。

不久，来了个大和尚。他一到庙里，就把半缸水喝光了。小和尚叫他去挑水，大和尚心想一个人去挑水太吃亏了，便要小和尚和他一起去抬水，两个人只能抬一只水桶，而且水桶必须放在扁担的中央，两人才心安理得。这样总算还有水喝。

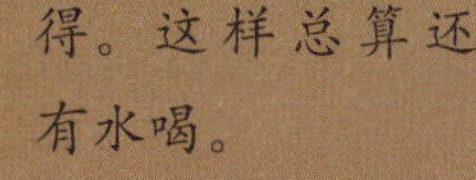

后来，又来了个胖和尚。他也想喝水，但缸里没水。小和尚和大和尚叫他自己去挑，胖和尚挑来一担水，立刻独自喝光了。从此谁也不挑水，三个和尚就没水喝。大家各念各的经，各敲各的木鱼，观音菩萨面前的净水瓶也没人添水，花草枯萎了。夜里老鼠出来偷东西，谁也不管。结果老鼠猖獗，打翻烛台，燃起大火。三个和尚这才一起奋力救火，大火扑灭了，他们也觉醒了。从此三个和尚齐心协力，水自然就更多了。

43. 戽斗

图 43.1

戽斗（图 43.1），是古代一种取水灌田用的旧式农具，用柳条、竹篾、藤条等编成，略似斗，故名戽斗。戽斗一头拴着一根绳子，另一头拴着两根绳子，其中一根拴在戽斗底部用于反转。提水时，两人相对站在河岸上，用力从河里提水上岸，然后拉两根绳子的人把水斗一翻，水就流入渠道，浇灌农田。也有中间装把供一人使用的戽斗，图 43.2 所示即为竹制单柄戽斗。用戽斗戽水的田间劳动，在北方有些地方也称之为“甩柳罐”。

戽斗在我国很早就已经出现，明朝罗颀所写的《物原》一书中有“公刘作戽斗”的说法。公刘是周文王的先辈，照此算来戽斗的发明该有三四千年的历史了。近代戽斗在全国各地陆续被淘汰，因为地下水位越来越低，河道干枯无水，戽斗无法提水。

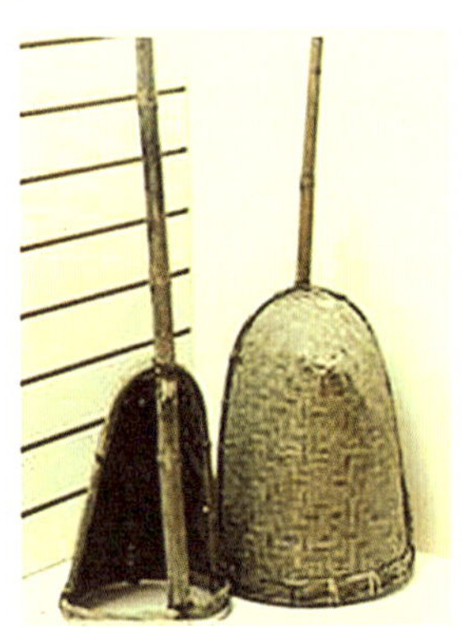
图 43.2

戽斗，用起来费力，但灵活方便，主要用于地狭水浅不宜使用水车、浇水量又不大的地方，或者用于临时取水。明朝徐光启《农政全书》卷十七载：“戽斗，挹水器也……凡水岸稍下，不容置车，当旱之际，乃用戽斗。控以双绠，两人挈之，抒水上岸，以溉田稼。”

关于戽斗的作用，我们可以从南宋诗人方岳的一首诗中有所体会：“终是山间别，寒泉在脚边。戏

鱼争美荫，啼鸟破佳眠。山寂夜如水，僧间日抵年。欲来来未得，戽斗救枯田。”

元朝农学家王祯还曾专门写诗咏颂戽斗：“虐魃久为妖，田夫心独苦。引水潴陂塘，而器数吞吐。绳绠屡掣提，项背频伛偻。掘掘不暂停，俄作甘泽溥。焦槁意悉苏，物用岂无补。毋嫌量云小，于中有仓庾。”长期的干旱，像妖魔一样危害着农田，农民们在陂塘边前伏后仰地拉动戽斗上长长的绠绳，一下一下向田中灌水。请不要嫌弃戽斗的水量小，就是这一斗斗像甘露一样的水，使焦枯的禾苗复苏了，从而带来了丰收的希望。

笔者出生于鲁东农村，小时候和家人一起操作过戽斗。戽斗一般由两个人操作，两人分站两边，先在水边挖个口子，在田里筑个凼子(能蓄水的泥堤，防止水回流到原处)。戽水时，先弯着腰，前腿弯曲，胳膊伸直，身体向前倾。之所以如此，目的是为了戽斗能没入水中。然后迅速手腿一并用力，前腿抻直，胳膊向怀里收拢，身子朝后仰，手向上提，将戽斗提出水面，甩进凼子里。要注意，提水时戽斗的前绳提高点，以免水流出，到凼子里后则反过来，将戽斗的后绳提高，前绳放低，整个戽斗呈倒立状，使戽斗里的水倒出流进凼子里。两人的用力要一致，如果七扯八拉的话，水是拉不上来的。开始戽水时，我没有技巧，更没有经验，提一戽斗水感到很吃力，没有一袋烟的工夫就感到腰酸背痛。等时间长了，琢磨出点经验，再干起来就会得心应手。

44. 桔槔

图 44.1

桔槔(图 44.1),俗称“吊杆”,是一种利用杠杆原理取水的汲水用具。其具体结构与操作程序是,将一横长杆从中间悬挂在井旁的树木或架子上,一端悬挂水桶,另一端绑一重物。不提水时,重物一端下沉,水桶一端上抬。汲水之时,用力向下拉动绳子,使水桶进入水中,待其装满水之后,再向上拉动绳子,借助另一端的重物,可以方便地将装满水的水桶提上来。

《说文》释义:桔是结的意思,用以把东西结牢。槔是皋的意思,因而有利于转动。又说:皋是缓的意思,一起一落,有一定的次序。这样看来,大概“桔”是直立的桩木,而“槔”是一起一落的横杠。桔槔,这种我国农村历代通用的旧式提水器具,虽然简单,却可以减轻人们的劳动强度,所以,在春秋时期就已相当普遍,而且延续了几千年。

桔槔是农田灌溉的常用器具,这可以从王维和元稹所写的诗中得到印证。唐代诗人王维在《辋川闲居》一诗中写道:“青菰临水映,白鸟向山翻。寂寞於陵子,桔槔方灌园。”他在另一首诗《春园即事》中又说:“草际成基石,林端举桔槔。还持鹿皮机,日暮隐蓬蒿。”元稹的《归田》诗写道:“冬修方丈室,春种桔槔园。千万人间事,从兹不复言。”为我们描绘了一幅农家劳作图。

关于桔槔,历代文人墨客也多有吟咏。虞俦诗:“下田敢有百车望,好雨犹宽三日期。惭愧农家施水利,桔槔虽巧不容施。”胡寅诗:“作竭辛勤雨更迟,桔槔谁语汉阴知。不嫌机事浸纯白,一日何妨灌百畦。”陆游诗:“桔槔引

水绕荒畦，病卧蜗庐不厌低。小聚数家秋霭里，平波千顷夕阳西。”陈文蔚诗：“一旱不问下与高，风吹日炙同煎熬。千里赤地天不管，毫发微功矜桔槔。”刘子晖诗：“旁舍种柔蔬，携锄理荒秽。桔槔勤俯仰，一雨功百倍。”清代诗人唐孙华诗：“一月不雨蒸炎熵，上田下田禾欲焦。东方未明尽出室，妇子相呼牵桔槔。蓬头露体斗轻健，三尺青布裁围腰。终朝轧轧直至暮，首如鹤啄尻益高。”在诗人们的眼里，桔槔操作尽管辛苦，却是农家离不了的用具。农田片片，风调雨顺固然可喜，如果赤地千里，就只好求助于田头的桔槔了。

面对诗人墨客的感慨，尽管没有下过田，更没有操作过桔槔，清朝的两位皇帝却也要附庸风雅一番。康熙诗：“塍田六月水泉微，引溜通渠迅若飞。转尽桔槔筋力瘁，夕阳西下人未归。”在康熙看来，虽然人们一天到晚费尽气力用桔槔引水灌田，仍不能解除连泉水都甚微了的六月大旱。但乾隆却说：“抱瓮终输气力微，桔槔转轮迅若飞。池塘水满新禾润，树下乘凉待月归。”

图 44.2

类似桔槔的提水工具还有鹤饮，图 44.2 为明王徵、邓玉函在《远西奇器图说》中所绘制的鹤饮图。桔槔直至近代亦有应用，图 44.3 为英国著名的自然学家、植物学家、探险家、作家，曾任美国哈佛大学植物研究所所长的尔尼斯特·亨利·威尔逊（Ernest Henry Wilson 1876—1930 年），于 1908 年在四川探险考察时拍摄的。

图 44.3

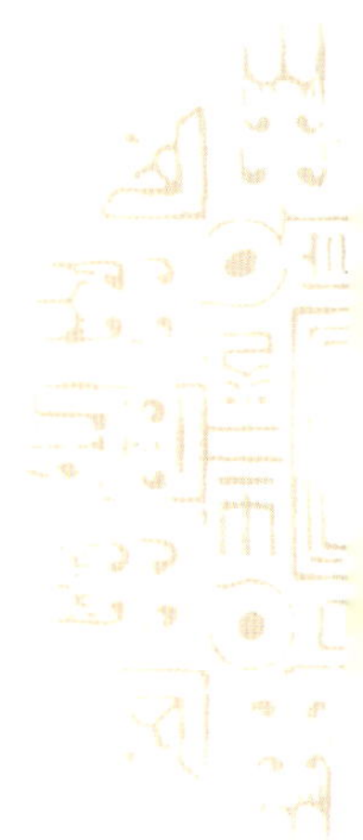

45. 辘轳

辘轳,是一种利用轮轴原理取水的汲水用具。其具体结构与操作程序是,在井上搭一架子,架子上横一轴,轴上套一长筒,筒上绕一长绳,绳的末端挂一水桶,长筒头上装一曲柄,摇动曲柄,绳就会在筒上缠绕或松开,绳端的水桶就会随之吊上或放下。图 45.1 为明代宋应星在《天工开物》中所绘单曲柄辘轳图。45.2 为双曲柄辘轳图。

图 45.1

据《物原》记载:"史佚始作辘轳。"史佚是周代初期的史官,可见早在公元前 1 100 多年前中国已经发明了辘轳。到春秋时期,辘轳就已经流行。当时的辘轳就是现代物理学中常说的定滑轮,主要用于一些战争器械上,后来才被应用于井上提水。井辘轳应用的较早记载见于南唐李璟《应天长》词:"柳堤芳草径,梦断辘轳金井。"元代王祯著《农书》和明代宋应星著《天工开物》中都有井辘轳图。

图 45.2

辘轳出现后,深井的取水问题得以解决,并逐渐成为北方地区使用最为普遍的提水用具。辘轳进一步改进就成了"双辘轳"、"花辘轳",其构造是在辘轳上相向缠绕着两条绳子,两绳子下端各系上一个汲器。当其中一个汲器盛满水被向上提的时候,另一个空着的汲器则随之被放下;当空着的汲器在井中盛满水要向上提时,原来盛满水的汲器中的水被倒出而成了空器。这样交替上下提水,除了能节省时间之外,还可以利用空器的

自重，再省一部分力，提水的功效自然更高了。双辘轳始于何年，没有明确记载。元代王祯《农书》卷十八记载："辘轳"或用双绠而顺逆交转，所悬之器，虚者下，盈者上，更相上下，次第不缀，见功甚速。如果把王祯的记载作为最早的根据，则仅有六七百年的历史。

明清时，出现了畜力辘轳，亦即在机械传动部分添装一平轮，盛水器也由一桶增为多桶，只要牛马等牲畜绕着立柱作圆周运动，即可将井水不断地提上来，提水深度达数十米。

辘轳的制造和应用，在古代是和农业的发展紧密结合的，它广泛地应用在农业灌溉上。历史上诗人咏颂辘轳的诗句也大都是和灌溉联系在一起，唐人仲子陵写了一篇近300字的《辘轳赋》。宋人李弥逊有诗曰："高田黄欲枯，下田青欲变。三更辘轳声，汲水急如电。"不论高田、下田，干旱使青绿的禾苗变得枯黄，已是三更深夜，仍可听到摇动辘轳浇水灌田的响声。尽管辘轳作为重要的提水工具受到普遍欢迎，但是"岂无桔槔与辘轳，终借人力相扶持"，人们使用辘轳浇水灌田是需要付出艰辛劳动的，连清朝乾隆皇帝见到农民使用辘轳浇水灌田后，也十分怜悯地感叹道："土厚由来产物良，却艰致水异南方。辘轳汲水分畦灌，嗟我农夫总是忙。"

辘轳的应用在我国时间较长，虽经改进，但大体保持了原形，说明在3 000年前我们祖先设计的辘轳，结构非常合理。数千年来，辘轳为人们提供生活用水和浇水灌田，直到今天仍不失为某些农村的重要提水用具。解放前在我国北方的缺水地区，仍在使用辘轳提水灌溉小片土地。现在一些地下水很深的山区，也还在使用辘轳从深井中提水，以供人们饮用。

46. 柳罐

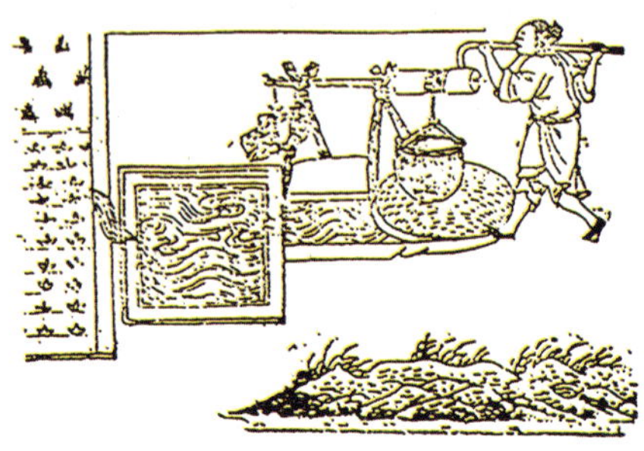
图 46.1

柳罐，是用细柳条编织而成的用于从井中提水的工具。当从水井中汲水的时候，木桶不抗摔，容易破碎，铁桶出现较晚，价格昂贵，而且铁桶怕碰，容易碰瘪。因此，人们就用柳条编成了能装水的用具，因为编成后它的形状很像一个瓦罐，所以，人们就给它起名叫“柳罐”。柳罐在井里像一个吊斗，所以也有地方叫它“柳罐斗子”。图 46.1 所示为元代王祯《农书》中所绘田间井灌工程图，其中辘轳所用即为柳罐。

制作柳罐的原材料是柳条，柳条经水浸泡后发胀，因此，柳条中间的缝隙结合紧密，汲水的时候滴水不漏。柳罐抗磕抗碰，碰到坚硬的东西它还有很好的弹性，经久耐用又经济实惠，应该说“柳罐”也是古人的一大发明。

随着社会的进步和经济的发展，后来橡胶制品逐渐多了起来，人们又发明了橡胶水桶，橡胶水桶柔软抗磨抗碰，而且更加经济实用，用柳条子编的“柳罐”这才退出了历史的舞台，而橡胶的水桶也叫“柳罐”，柳罐的名称一直沿用到现在。虽然现今有很多人不知道什么是柳罐，但柳罐对人类的贡献却是不可磨灭的。特别是在当时的历史条件下，它的作用是不可低估的。

说到柳罐，还有一处与此相关的知名的地名，那就是北京的柳罐胡同。柳罐胡同位于北京东城区东南部，东起泡子河东巷，西至大羊毛胡同，南邻北京站东街，北靠小羊毛胡同，属建国门街道办事处管辖。柳罐胡同，民国三十六年(1947 年)即称其名。据传，这里原有一口私人的水井，井口为石质，井口不大，上架辘轳。打水用的是一个柳罐，这个柳罐编得与其他柳罐

不同，口小身长，盛水多，是一位山东人编制的。井水甘甜，附近的居民都买吃这口井里的水。以后井四周住的居民逐渐增多，附近又没有其他特别的标志，于是大家约定就用柳罐作为这一带的地名。解放后这里安装了自来水，井逐渐荒废被填平，但柳罐胡同的地名却一直延用至今。

图 46.2 为近代东北地区常见的柳罐。

图 46.2

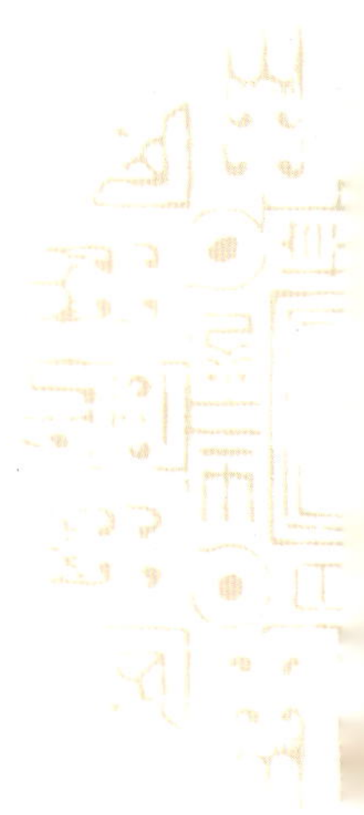

47·翻车

翻车，古代使用人力转动轮轴提水的机械，又称水车。小型的用手摇，称为拔车；大型的用脚踏，称为踏车。翻车结构除车架外，主要是一具20尺×1尺×0.7尺的木板槽，槽中架设行道板一条，长度比槽板两端各短一尺，用以安装大小木轮。行道板是由刮板逐节用木梢子连接起来的，犹如龙的骨架（所以翻车也被称作龙骨水车），由人力驱动上端的大小轮轴带动刮板，将水刮到木槽上端，连续不断地流入田间。后来又发展成为牛转翻车、水转翻车和车转翻车。

我国在东汉以前的主要提水灌溉工具是桔槔和辘轳。不过这两种灌溉工具都不能连续运动，只能间歇式地由低处向高处提水，劳动生产效率很低，若地势比较高，则无法引水灌溉，翻车的发明解决这个问题。翻车适合近距离提水，提水高度在1～2米左右，比较适合平原地区使用，或者作为灌溉工程的辅助设施，从输水渠上直接向农田提水。唐宋以来在农田灌溉、排水及运河供水中，翻车是使用最普遍的提水机械，特别是南方大兴围田之后，对低水头提水机械的需求更加普遍。元代王祯《农书》中绘制了不同动力的翻车的图谱，其中人力水车有脚踏、手摇等，畜力水车有牛车、驴车

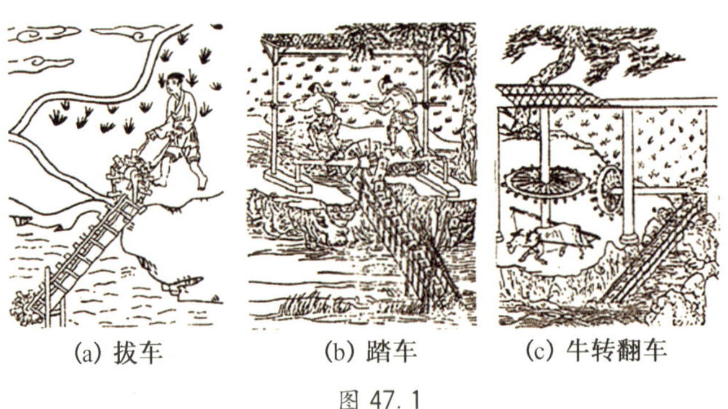

(a) 拔车　(b) 踏车　(c) 牛转翻车

图 47.1

等。图 47.1 为明代宋应星《天工开物》改绘的三种翻车。图 47.2 为水转翻车。

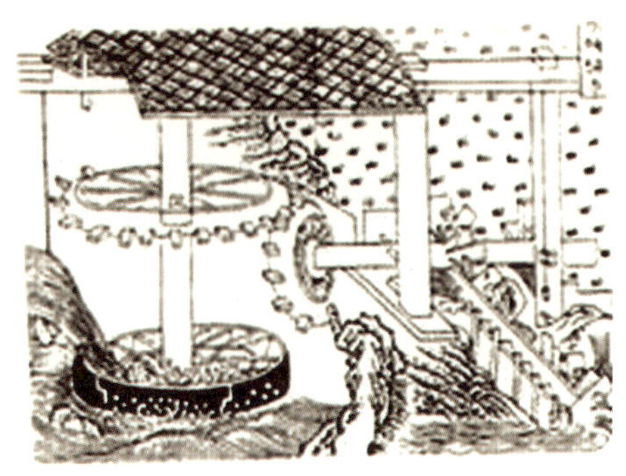

图 47.2

后汉及三国时都有翻车发明的记载，唐代翻车开始推广应用。《后汉书·张让传》记载，东汉中平三年（186 年）掖庭令毕岚“作翻车、渴乌，施于桥西，用洒南北郊路，以省百姓洒道之费。”这段记载告诉我们，翻车出现于东汉末年，具体时间是公元 186 年，发明人是掖庭令毕岚。翻车发明之初是为方便百姓给南北郊区道路洒水压尘的，其后逐渐成为提水机械。《三国志·杜夔传》记载三国时扶风（今陕西兴平县）人马钧“居京都，城内有地，可为囿，患无水以灌之，乃作翻车。令童儿转之，而灌水自覆，更入更出，其巧百倍于常”。

东汉毕岚作翻车，这在马钧之前约半个世纪。但毕岚的翻车是否就是后世的龙骨水车，不得而知。而马钧所作之翻车，则无疑是用于农业排灌的龙骨水车。其结构精巧，“灌水自覆，更入更出”，可连续不断地提水，效率比其他提水工具高得多，并且运转轻快省力，儿童都可操作。所以马钧应是龙骨水车的发明者，至少可以说他是继毕岚之后，对翻车作了重大改革，并用于农业排灌的革新家。

图 47.3

明清出现风力水车的记载。风力水车的动力装置是风帆，其构造与翻车相同。使用风力被英国著名科技史学家李约瑟评价为中国对世界 26 项重大科技贡献之一。明宋应星《天工开物》记载：“扬郡以风帆数扇，俟风转车，风息则止，此车为救潦，欲去泽水，以便栽种。”这类提水机械用于太湖流域排水，有风就转且可经常工作。清代长芦则利用风力水车提取海水制盐，一具风帆可带动两部水车。图 47.3 为江苏北部

地区使用的一种风力水车。

图 47.1 中所示的“拔车”，是《农书》中不曾提到的。这种拔车，车身构造与龙骨车完全相同，只是长度较短，用人的两手拉动拔杆，使车转动而引水，所以称为拔车。“凡浅池小浍，不载长车者，则用此车。数尺之车，一人两手疾转，竟日之功可灌二亩而已。”虽然《农书》中没有记载这种拔车，但当时也不见得没有，因为它比脚踏龙骨车和牛转龙骨车要简单得多，只是效率较低。

王祯《农书》中还记载了一种轮式手摇水车——刮车（图 47.4）。元王祯《农书》卷十八记载：“刮车，上水轮也。其轮高可五尺，辐头阔止六寸，如水陂下田，可用此具，先於岸侧掘成峻槽，与车辐同阔，然后立架安轮，轮幅半在槽内，其轮轴一端，擐以铁钩木拐，一夫执而掉之，车轮随转，则众辐循槽，刮水上岸，灌田便於车戽。”

图 47.4

翻车问世后，迅速得到推广，并沿用至今。在近代水泵发明之前，翻车是世界上最先进的提水工具之一，对灌溉农田，发展农业生产，发挥了巨大的作用。日本光洋轴承大连有限公司总经理龟谷胜，曾骑自行车到处寻找轴承、链条旋转原理的起源，经过几年寻觅，终于在我国江南农村找到了龙骨水车。他们在考证、考察后得出结论：现在的轴承、链条的设计原理源于中国的龙骨水车的旋转原理，它比欧洲早了 800 多年，这是中国为世界作出的又一创造性贡献。

到唐宋之时，翻车遍及中原及江南各地，也成为文人骚客吟诵的对象之一。北宋苏东坡曾写过《无锡道中赋水车》诗，形容龙骨水车为“翻翻联联衔尾鸦，荦荦确确蜕骨蛇”。这是目前见到的史料中，最早记载龙骨水车的文学作品。南宋陆游《春晚即景》诗：“龙骨车鸣水入塘，雨来犹可望丰穰。”听到水车的响声，让人们看到了丰收的希望。“以人运车车运辐，一辐上起一辐伏。辐辐翻水如泻玉。大车二丈四，小车一丈六。小以手运大以足，足心车柱两相逐。左足才过右足续，踏水浑如在平陆。高田低田足灌沃。不惜车劳人力尽，但愿秋成获嘉谷。”这首《踏车曲》更是形象地描绘出了古人使用翻车时的具体情形。

上世纪五六十年代，农村还没有抽水机，江南家家户户都用木制的龙骨水车车水灌田抗旱。遇到大旱天或是发大水，农民"磨断轴心，车断脚筋"，没日没夜地车水，白天顶着一头烈日，夜晚披着一身星星，有时一天一夜车下来，脚下走路像踩着棉花，一点力气也没有，这种"头一伸，脚一蹬，白天车水夜里哼"的滋味是如今"电钮一按水哗哗"的情景没法比的。特别是山区农民抗旱就更为艰辛，从山顶上的高田到山下的大河，有几十米高的扬程，一垛水一般只有两米，要将河水一垛一垛翻上山，经常要架起二三十部龙骨水车，像"接力棒"那样将水往高处引。车水时往往先在水链上系一根红布作为记号，车一圈水就数一根草棒，一般以 500 圈为半墒，1 000 圈为一墒，数完 1 000 根草棒，车完一墒水就可以下车杠稍作休息了。在一般情况下，脚踏三四十步才有一圈水，要数完 1 000 根草棒，需要在车拐上脚踩三四万步，相当于负重跑十几公里的山路。

图 47.5

48. 筒车

筒车，利用水流冲动水轮转动来提水的古代提水机械。水轮既是动力机械又是工作机，以水力为动力，冲动水轮自动运转而提水。筒车的汲具一般是系在水轮上的竹筒，竹筒随水轮的转动将水提到水轮的最高处，自动倾入输水槽中，水轮的直径几乎同于提水高度。筒车因为结构简单，造价低廉，且维修方便，在宋代便已广泛流行于民间，及至近代仍是农村常用的水力机械，见图 48.1。

图 48.1

筒车最早的文字记载见于唐陈廷章《水轮赋》："鄙桔槔之繁力，使自趋之转毂"，"水能利物，轮乃曲成。升降满农夫之用，低回随匠式之程……观夫斫木而为，凭河而引，箭驰可得。而滴沥辐辏，必循乎规准。"可见筒车的制作已有一定的规程。北宋梅尧臣《水轮咏》："孤轮运寒水，无乃农者营。随流转自速，居高还复倾。"南宋人张孝祥过广西兴安，记途中所见："筒车无停轮，木枧着高格。"诗人所谓孤轮、水轮、筒车，其实就是同一种水力提水机械筒车。元代王祯《农书》对筒车有很详细的介绍，并有图谱。

水轮愈大，需要的水动能愈大，宋元时大水轮被广泛用在提水机械上，出现了高转筒车。元代王祯说，"此近创捷法，已经较试"，说明高转筒车应是当时的产物。王祯称平江府(治今江苏吴县)虎丘寺剑池安装了这种水车供水，它的形制"其高以十丈为准，上下架木，各竖一轮，下轮半在水内，各轮径可四尺"。高转筒车提水高度可达约 30 米，水轮直径 1 米以上(图 48.2)，说明水轮的制作工艺和水工建筑物的修建技术都有相当高的水平。

筒车在有流水、特别是有急流的地区，其灌溉功能是十分良好的，它不用

人力，也不用畜力，只要将筒车制造好、安装好，就再也不用花费任何成本，水车就可日夜不停地运转、浇水灌田。一部筒车可承担一二十亩田的灌溉任务。而且提水高度可达三四丈以上，是高旱之地比较适用的灌溉农具。在水流比较平缓的地区，只要适当改造河床，筑坝挡水，变缓流为急流，筒车是可用的。筒车制作材料主要是南方各地普遍生产的竹子，原材料来源丰富，价格便宜，制作方便，不需要特殊的加工技术，不需要专门的工匠，一般农家均可制作。筒车在清代得到了广泛的推广与应用，在有些地区，筒车分布的密度都相当大，往往在一条溪流上就安装有几部、十几部乃至几十部水转筒车，为将近半个中国的农田灌溉发挥了巨大的作用，可以说是筒车发展史上的全盛期。

图 48.2

由于筒车的优越性能和别具风采的文化内涵，筒车不但越来越受到农民的广泛欢迎，而且成了许多巡视官吏、文人学士喜闻乐道的内容，历史上曾留下了丰富多彩的描绘筒车的诗文。北宋诗人梅尧臣写道："孤轮运寒水，无乃农者营。随流转自速，居高还复倾。利才畎浍间，功欲霖雨并。不学假混沌，亡机抱瓮罂。"范仲淹也有《水车赋》曰："器以象制，水以轮济。假一毂汲引之利，为万顷生成之惠。扬清激浊，程运转而有时；就患分灾，幸周旋于当世。有以见天假之年，而王无罪岁者也。……是车也，匪疾匪徐；彼水也，突如来如……河水浼浼，得我而不滞不凝；原田莓莓，用我而无灾无害。……"到了清代，筒车发展到全盛时期，更是出现了一次与之相应的"筒车文化热潮"，记载筒车的有关文章和诗词比比皆是，这可以说是历史上出现的一次特异文化现象。

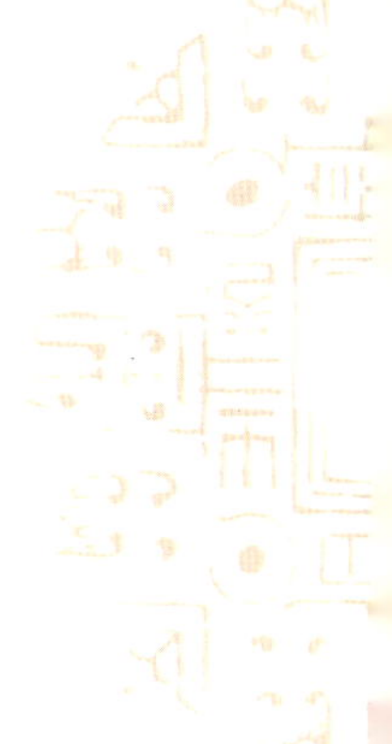

今天，江南许多地区仍在使用筒车灌田。特别是近年来，人们又赋予了筒车新的文化内涵，在许多影视作品中，常常出现以筒车作背景的镜头；许多游乐场所也都制作筒车模型，作为新的景观。伴随着时代脚步的前进，以及筒车文化内涵的不断丰富与更新，筒车将会对人类社会作出新的贡献。

49. 渴乌

渴乌，一种利用静水压力差输送水的引水用具，中国古代的虹吸管。它的发明，标志着我国古代水力学发展到了一定的水平。

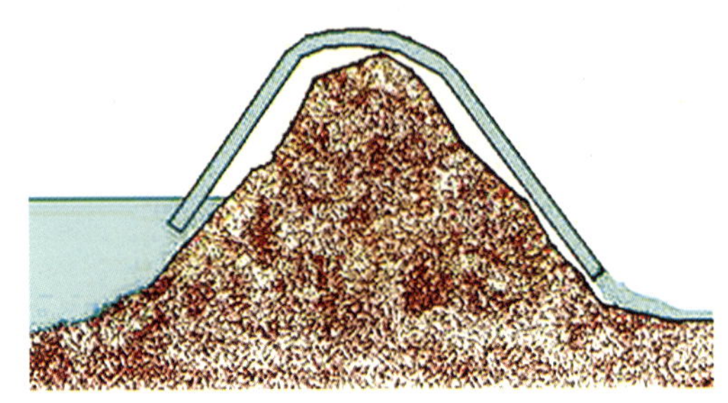
图 49.1

唐杜佑所著《通典》载，渴乌可以“隔山取水”，就是说渴乌的主要用途是隔山取水(图 49.1)。为了利用真空和水压力将水输送到目的地，渴乌被制成中间高于两端的虹吸状，其进水口和出水口之间需有一定的高差。渴乌大多用凿通中间隔节的竹筒相互套接而成，其接合处需用麻缠裹并涂以油漆，或用油灰黄蜡镶嵌涂抹，以便接合严密不致漏气。然后将渴乌前端插入水源水面以下 5 尺，并将之摆放妥当。为将水引上竹筒，关键要在筒内制造一定的真空，以便在大气压力的作用下将水“吸”入筒内，继而从出口端流出。在如此大型的虹吸管中制造真空，靠人用口吸显然不可行。古人巧妙地利用了氧气燃烧的原理，即在竹筒出口端塞上松枝、干草等易燃物，然后将之点燃，筒中的氧气就会迅速燃尽。这样，筒内的空气压力低于筒外的大气压力，水就得以“自中逆上”。

渴乌的发明者与翻车的发明者是同一个人，即东汉的毕岚。这是一位心灵手巧的古代工程师，他发明并制造了许多精妙的机械。据《后汉书·张让传》记载，东汉中平三年(186 年)掖庭令毕岚“作翻车、渴乌，施于桥西，用洒南北郊路”，这是渴乌的最早记载。唐李贤在对《张让传》进行注释时说：“渴乌，为曲筒以气引水上也。”说明渴乌是依靠气压差进行引水的。

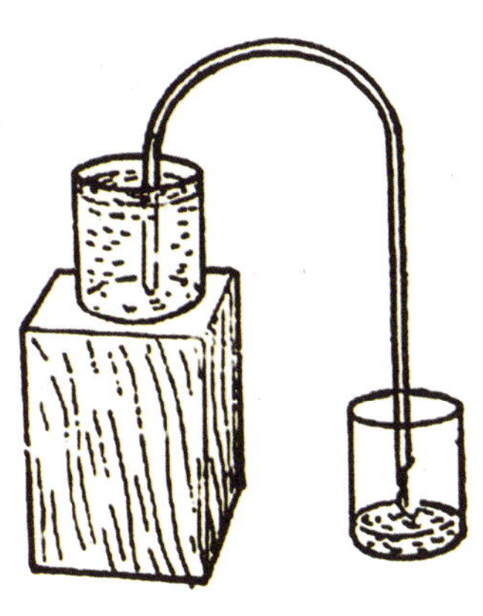

图 49.2

应用虹吸原理制造的虹吸管，在中国古代称“注子”、“偏提”、“渴乌”或“过山龙”。虹吸现象的产生，是由于连通器的两端液位的高度差产生的压强差，从而引起液体的自行流动。如图 49.2 所示，容器中的水可以自动通过高于容器水面的弯管流出，就好像有什么东西将水从容器中“吸”出来一样，这就是所谓的虹吸现象。

西南地区的少数民族用一根去节弯曲的长竹管饮酒，也是应用了虹吸的物理现象。宋朝曾公亮在《武经总要》中，有用竹筒制作虹吸管把峻岭阻隔的泉水引下山的记载。中国古代还应用虹吸原理制作了唧筒。唧筒是战争中一种守城必备的灭火器。宋代苏轼在《东坡志林》卷四中，记载了四川盐井中用唧筒把盐水吸到地面。其书载：“以竹为筒，无底而窍其上，悬熟皮数寸，出入水中，气自呼吸而启闭之，一筒致水数斗。”明代的《种树书》中也讲到用唧筒激水来浇灌树苗的方法。我国的许多酿酒作坊中也常常采用这种虹吸管。

小型渴乌也用作刻漏（刻漏见本书水动工具部分）的注水部件。明确记载渴乌这一用途的，最早见于唐代徐坚所撰的《初学记》。徐坚在该书里引证北魏道士李兰所著《漏刻法》说：“以器贮水，以铜为渴乌。关如钩曲，以引器中水，于银龙口中吐入权器。……”到了北宋天圣八年（1030 年）在燕肃改进的莲花漏上，也“置铜渴乌引水”。南宋初年杨甲在《六经图》中绘制了燕肃莲花漏的形状。当然，由于在计时器中使用的虹吸管管径较小，铜管密闭性能可靠，因而易于制造和使用。而引水用的渴乌要求有较多的引水量，较大的管径，所以其密闭性要求较高。

50. 井车

井车，用于井中取水的立式翻车，以畜力驱动齿轮并带动多个串联成环的水斗提水，又称斗式水车。水车的传动装置有平轮和立轮两种，以转换动力方向。

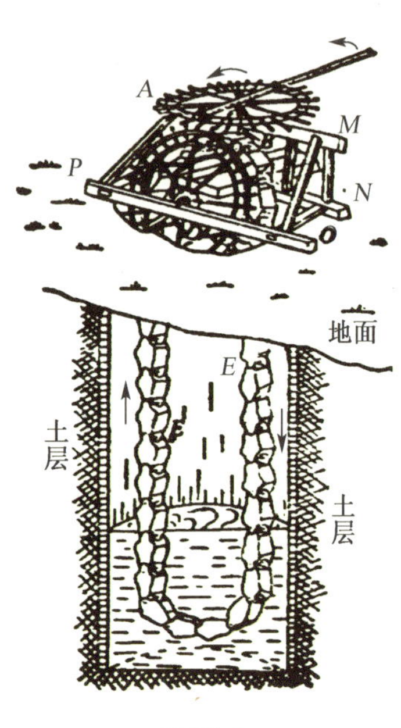

图 50.1

《太平广记》卷 250 引《启颜录》有这样一段文字：“唐邓玄挺入寺行香，与诸僧诣园观植蔬。见水车以桶相连，汲于井中，乃曰：‘法师等自踏此车，当大辛苦。’答曰：‘遣家人挽之。’”。《旧唐书》记载：邓玄挺卒于唐武后永昌元年（公元 689 年），可知这种井车至迟应发明于初唐时期。另从该段记载，可以确认以下四个问题：一是这种水车是在菜园中浇灌，是用于农业灌溉的。二是水车是用人力，而且是脚踏的。三是水车的提水零件是木桶，而且是相连的木桶。四是水车是用于井上，因而简称之为“井车”。刘禹锡有诗曰：“何处春深好，春深种莳家。分畦十字水，接树两般花。栉比栽篱槿，咿哑转井车。”可能说的也是这种井车，而且说明井车是“转”动的。

对于这类井车，历史上所见资料不多，当然更无实物保存下来。但元朝熊梦祥编写的记载元大都（今北京）附近事物的《析津志》中，有这样一段文字：“……顷年，有献施水车以给井而得水于石槽中，用以饮马，由是牛马匹之类咸赖之。……其制，随井深浅，以犖确水车相衔之状，附木为戽斗，联于车之机，直至井底。而上，人推平轮之机，与主轮相轧，戽斗则倾于石枧中，透于阑外石槽中，自朝至暮不辍，而人马均济。”文中提到的“主轮”，当是带动戽斗升降的工作轮。“人推平轮之机，与主轮相轧”，一说明主轮和平轮是

互相“咬合”的，二说明井车的动力及施力方式是“人推”。在主轮上带有“荦确”“相衔”的链条，链条上再附以木制的戽斗。戽斗的具体形状文中没有说明，当然应该制作得既便于戽水，又便于联结。当装满水之戽斗上升到最高点时，即向下翻转，将斗中之水倾入“水枧”之中。如用于人畜饮水，“水枧”中之水即流入水槽。如用于灌溉，则直接入畦。所谓“水枧”即木制或石制的引水槽。

与井车相类似的还有一种水车，叫做管链水车，又称“皮钱水车”、“解放式水车”，是一种以钢铁为主要原料，由机架、锥形齿轮、链轮、链条、圆皮钱、水管和牵引杆等组成的水车。由人力、畜力或其他动力带动，利用串在链条上的圆皮钱，从置于井中的水管中提水。解放式水车在北方分为推拉式水车和手摇式水车，手摇式水车又被称为“拧不够”，适用于水位在4米以下的水井使用。解放式水车于上世纪60年代后期基本普及，以后随着动力机械的增多，水车数量趋于减少，有的仅用于菜田灌溉。现逐渐被水泵替代。

管链水车的一部分，架在土井井口之上，像磨盘、碾盘一样，中间有一个垂直的竖轴，竖轴下方，是随之转动的一大一小啮合着的牙轮。竖轴上方，有一个成人胳膊粗的孔眼儿，用时，安上一根扁担长的木把，人可以推着转，大牲口可以拉着走。借助人力或者畜力，由相互套着的小铁环与间隔尺余串着的橡胶叶片连结而成的链条，水就会绕着侧立着的小齿轮顶端，从一根一头探入井水，一头露于井口的铁管子里面上来，再从管子外的井筒下去，循环往复。依靠相邻叶片在水中、在管内形成的一截封闭禁住水，一股一股接续着往上带，最后，像泉水上漾一般，将卷着碎花的水漾入水槽，淌进地面的导流沟。

51. 压水井

压水井，是一种将地下水引到地面上的提水工具，其工作原理是物理学上的虹吸现象。压水井具有一个内部相通的井筒，在该井筒内设置有上端与带有支轴的压杆活动连接，下端与井筒内壁气密性配合的活塞部件（引水皮），井筒内且在活塞部件最大行程位置的下侧部设置有与其相通且带有出水逆止阀的出水管路，可实现连续进水和出水。井头为铸铁制造，底部是一个水泥式的垒块，井头是出水口，后粗前细，尾部是和井心连在一起的压手柄，约有二三十厘米长，经常使用，使其变得较为明亮。压水井在解放后，曾广泛存在于我国城乡，而今随着自来水的普及，压水井渐渐淡出了人们的生活，很多地方则很难再见到压水井的身影。

图 51.1

压水井的样式基本相同，一个长长的井把，一个带胶皮盖的提篮，一个像簸箕一样敞着的出水口。取水的时候，先将一瓢水注入到压水井的套筒中作引子，然后握住井把上上下下压动，就可以利用虹吸原理将井中的水提到地面上来。用压水井提水和从土井里打水相比，不需要很大的力气，所以压水的任务往往会由家里的孩子们来完成。冬天，压水井不用的时候需要“煞气”，也就是将套筒中的水放掉，使得套筒内外的压力相同，否则存在套筒中的水就有可能会上冻结冰。

现在 40 岁左右的人们，大都对压水井还存有或多或少的记忆。在他们的印象中，那时的人洗衣、淘菜全都靠井水，只要轻轻晃动几下井把子，清洌洌的水就会从塑料管子里吐出来。三五个妇女聚在井边，一边洗衣淘菜，一

图 51.2

边家长里短，一副其乐融融的景象。加上井水甘甜清洌，夏天，口渴之人喜欢捧井水来喝，居民则喜欢将西瓜等水果泡在井水里降温。晚上，居民们围水井而坐，乘凉、冲澡，邻里之情通过水井的纽带作用变得更为融洽。小小的压水井留下的是一代人美好的回忆。

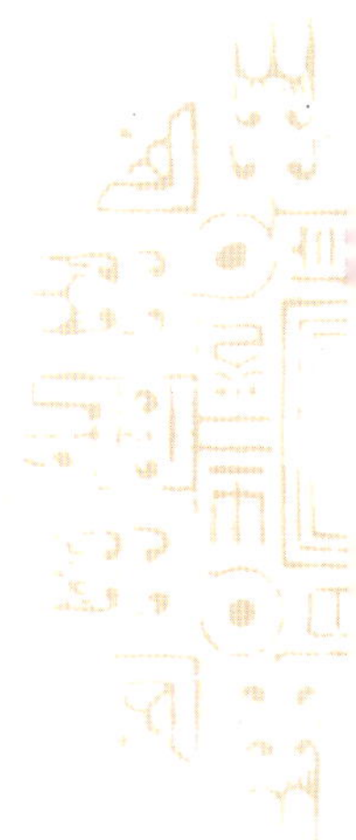

52. 龙尾车

龙尾车，利用圆筒内螺旋轮转上升而提水的一种工具，也称阿基米德螺旋管。明万历年间，由意大利传教士利玛窦带入中国，徐光启进行了仿制，清亦有大量引进。其原理如图 52.1 所示。

图 52.1

对于龙尾车，熊三拔与徐光启合译的《泰西水法》中解释得很详尽。首先概说了龙尾车的功用及特点："龙尾车者，河滨挈水之器也。……不有水之器，不得水之用。"然后简略地介绍了水利器械的发展简史："三代而上，仅有桔槔。东汉以来，盛资龙骨。龙骨之制，日灌田二十亩，以三、四人之力，旱则倍焉，高则倍焉，架马牛则功倍费倍焉。溪间长流而用水，大则平旷而用风，此不劳人力自转矣。枝节一差，全车悉败焉。……"不论用风力、水力车水灌田，都有自身的薄弱环节，"今作龙尾车，物省而不烦，用力少而得水多。其大者一器所出，若决渠焉。累接而上，可使在山，是不忧高田；筑为堤塍而出之，计日可尽，是不忧潦岁与下田。"就是说龙尾车高田、下田、旱地、涝地都能用，很灵活，在许多情况下都能应用。"龙尾车者，入水不障水，出水不帆风，其本身无铢两之重，且交缠相发，可以一力转二轮；递互联机，可以一力转数轮，故用一人之力，常得数人之功。……若有水之地，悉皆用之，窃计人力可半省……"总而言之，龙尾车的优点是很多的。

《泰西水法》对龙尾车的构造有详细的说明，"龙尾之物有六：一曰轴。轴者，转之主也，水所由以下而为上也。二曰墙。墙者以束水也，水所由上也。三曰围，围者外体也；所以为固抱也。四曰枢。枢者所以利转也。五曰

轮。轮者所以受转也。六曰架。架者所以制高下也;承枢而转也。六物者具,斯成器矣。或人焉,或水焉,或牛马焉,巧者用之,不可胜用也。”图 52.2 是明末王徵与邓玉函合著的《远西奇器图说》中绘制的龙尾车。它是三个叠接的龙尾车,由一个立式水轮驱动。水轮(甲)如同中国的筒车,它的水戽(戽斗)将水提到高处,流入第一个水槽(乙)中。水轮轴的另一端装有齿轮(丙),该齿轮与小鼓轮(庚)的齿啮合,驱动龙尾车(丁),将第一个槽里的水提升到第二个水槽。龙尾车(丁)上端的齿轮(辛)与另一齿轮啮合,带动龙尾车(戊),将水从第二个水槽提升到第三个水槽里。龙尾车(戊)上端的齿轮与另一齿轮啮合,带动龙尾车(己),将水从第三个水槽提升到第四个水槽里。

《泰西水法》刊刻后,在中国产生了一定影响。据《明斋小识》记载,徐光启的五世孙徐朝俊曾于嘉庆十四年(1809 年)制成小型龙尾车,儿童即可转之。松江太守唐陶山为推广曾“刊图颁各县”。据《梅麓诗钞》记载,苏州知府齐彦槐,曾按《泰西水法》制造并试用过龙尾车。据说试验时,荆溪百姓倾城出动,面积约十亩的草桥塘,只用了三刻钟就使塘水降落了七寸。但也有失败的事例,据郑光祖的《一斑录》记载,道光十六年,为清江浦治河需要,由制军陶设局花了三千金制造了一架四、五抱粗的庞大龙尾车。由于车身过大,无法从门中运出,只得连墙也拆了。运转起来过于沉重,试用两次关键件就坏了,成了一堆庞大的废物。正如钱泳在《履园丛话》中说的那样,“一日一人可灌田三四十亩,但是一车费百余金,一坏即不能用。余谓农家贫者居多,分毫计算,岂能办此。”由于龙尾车结构复杂,造价昂贵,自身存在一些缺点,以及这些水利器械与中国传统水利器械不是一个思路、一种体系的东西,人民大众不易于接受,所以在中国没有得到推广应用。

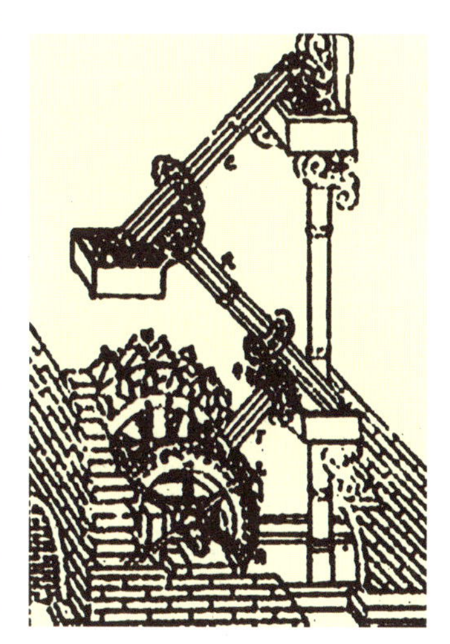

图 52.2

53. 水轮泵

水轮泵又叫水力抽水机，是将水轮机和水泵同轴组合成一体的提水机械。水轮机是水轮泵的动力部分，依靠转轮在一定的水头作用下，将水能转换成机械能。转轮的转动通过主轴带动与其相连的水泵叶轮一起旋转；水泵是水轮泵的工作部分，水泵叶轮旋转将水由低处扬至高处。当山涧流水时冲击水轮机，使主轴带动泵的叶轮旋转而实现抽水目的。水轮机位于下部，由转轮和导水器组成；泵部分由叶轮、泵体、泵盖和滤网等组成，其叶轮多为离心式，也有轴流式。图 53.1 为水轮泵结构示意图。整个装置浸没在水中工作，靠水力作用运转，不需其他动力，凡有集中水位落差的地方都可使用。若将水轮泵的主轴加长伸出泵外，还可用作各种加工的动力、发电等一机多用。图 53.2 为水轮泵的安装示意图。

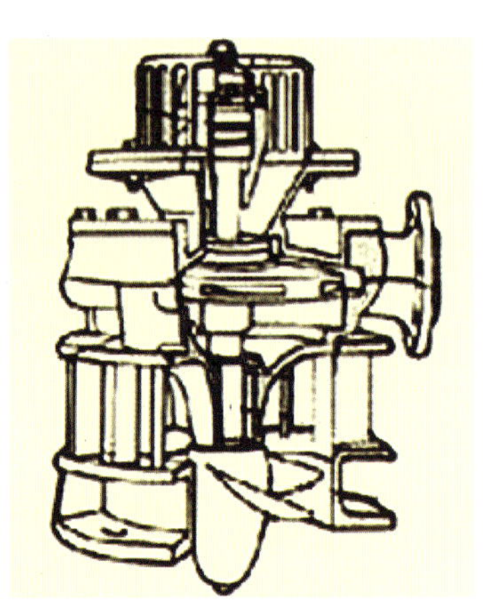

图 53.1

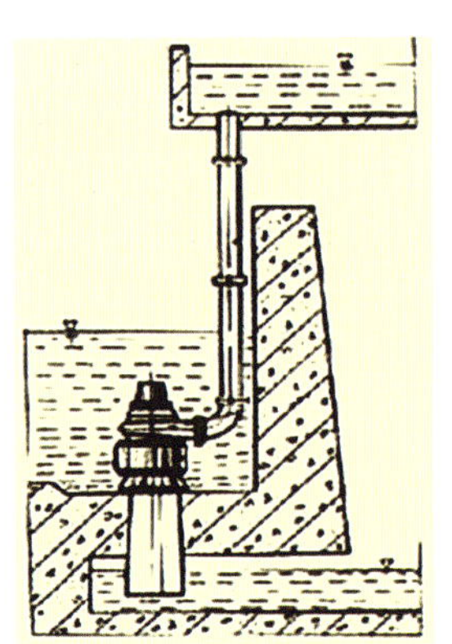

图 53.2

水轮泵是我国自行开发研制的提水灌溉机械，具有不燃油、不耗电、结构简单、运行稳定等优点。它直接利用水的下落作为动力推动水轮运转，在落差大于 1 米、流量大于 0.1 米/秒的河流、水库和渠道上均可安装水轮泵提水。占水轮泵绝大多数的低、中水头水轮泵（水头为 20 米以下）一般采用立式结构。水轮机一般为轴流式，离心泵的压出室一般采用蜗壳式。泵设在水轮机之上，整机全部淹没在水中运转，因此无需吸

水管。泵和水轮机之间采用水润滑轴承。水轮泵结构简单，制造容易，操作方便，维修费用很低，不抽水时接动力输出轴可带动加工机械或小型发电机，特别适合电网未到达地区使用。即使在电网到达地区。也因节省了电费开支，较之电力提灌仍有优势，故可广泛用于全国各个需扬水灌溉的地区。据统计，中国农村到 1980 年为止已建成水轮泵站 4 万多座，装机 6.3 万台。沿海还建有利用潮汐能的水轮泵站。其主要缺点是不能充分利用水源水量，一般水轮泵的流量为水轮机通过水量的 1/10～1/5。

水轮泵将水轮机和水泵两种水力机械同轴组合成一体工作。水轮泵提水灌溉较之电力提灌，由于减少了能量转换过程，因此能量利用合理。水轮泵的性能参数包括水头、流量、扬程、出水量、转速、动率和效率，其中水泵扬程与水轮机工作水头的比值称为水头比，这是水轮泵的一个重要参数。为了适应各种工作水头、扬程、流量情况，水轮泵生产厂家已将其适当组合生产出各种型号的水轮泵，用户可根据自己使用情况确定工作效率。

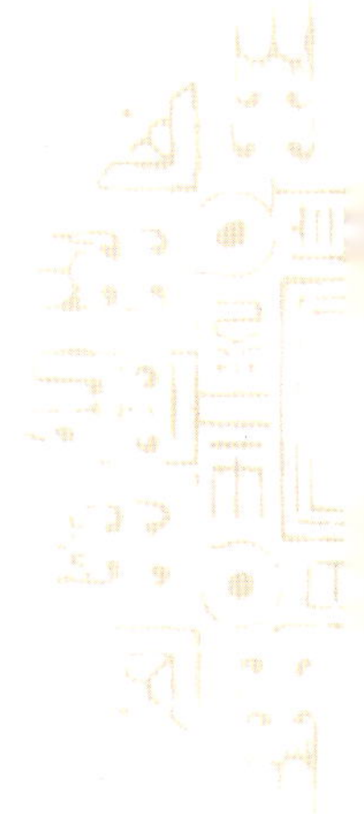

伍 治水用具

>>>

水能载舟，亦能覆舟。数千年来，水利一直是关系国计民生的大事，也是每个有为的君王所关心的头等大事。康熙皇帝概括过一个皇帝的三种责任，其中就有水利。治理水患，是水利人共同的夙愿。

大禹所用的石斧、石刀、石铲、木耒等治水用具以及规、矩等测量工具，都是水利用具的雏形。从古至今，人们用自己的智慧不但兴修了多种水利工程，同时也发明了许多治水用具。

大禹治水

■ 相传距今4 000多年前，我国是尧、舜相继掌权的传说时代，也是我国从原始社会向奴隶社会过渡的父系氏族公社时期。那时，生产能力很低下，生活条件很艰苦，有些大河每隔一年半载就要闹一次水灾。有一次，黄河流域发生了特大的水灾，洪水横流，滔滔不息，房屋倒塌，田地被淹，五谷不收，横尸遍野。活着的人们只得逃到山上去躲避。于是，各个部落的人们团结起来，与大自然展开了一场艰苦卓绝的斗争。

大禹姓姒，名文命，因治水有功，后人称他为大禹，也就是伟大的禹的意思。从他父亲鲧的时候起，就开始治水。我国人民与洪水搏斗的古老故事，就是从鲧开始的。起初，由大禹的父亲鲧来治水。鲧一味强调“水来土掩”，哪里有洪水就派人到哪里去堵，结果越堵水患越严重。鲧治水失败后，大禹担负起领导治水的重任。他认为要制服水患，就必须因势利导，根据河流的走势宣泄水流。为了规划出一套正确的治水方案，大禹不辞辛劳地爬山涉水，实地勘察山川形势，亲自率领徒众和百姓，带着简陋的石斧、石刀、石铲、木耒等治水工具以及规、矩等测量工具，开始治水。他三过家门而不入，带领人们开山劈岭，疏浚河道，广修沟渠，奋战12年，终于“开九州，通九道”，制服了水患。

54. 沙袋

沙袋，一般是由麻袋装填沙土而成的袋子，是现代防洪防汛最基本的用具。防洪沙袋预备数量、存放地点、取土地点等这些都是水利部门汛前要认真规划并准备好的。

图 54.1

《山海经・海内经》记载了鲧禹治水的故事："洪水滔天，鲧窃帝之息壤以堙，不待帝命。帝令祝融杀鲧于羽郊。鲧复生禹，帝乃命禹卒布土以定九州。"说的是，大水漫上天际，鲧没有得到天帝的命令，盗取了天帝的神土来堵塞洪水。天帝派火神祝融在羽山附近杀死了鲧。鲧腹中生出了禹，天帝就命令禹铺填土壤平治洪水，终于安定了九州。从这段文字可以看出，从鲧

到禹，他们前后治水过程都没有离开过土壤。

其实，沙袋堵口是在紧急情况下使用的治水方法。从一般意义上来说，与“息壤”一脉相承的是水利大坝。我国大坝建设历史悠久，但在1950年前发展比较缓慢。安徽寿县的安丰塘（芍陂）坝高10米，至今已有2 600年历史，在世界坝工发展史上有重要影响。但到1950年，根据国际大坝委员会统计资料，我国30米以上的大坝仅有15座（包括丰满重力坝），数量极其有限。1951—1977年，世界其他国家平均每年建坝335座，我国平均每年建坝420座。1982年，全世界15米以上的大坝为34 798座，我国占总数的53.4%；1983年以后，我国建坝速度有所下降，占世界的46%；2005年底，我国30米以上已建和在建的大坝共有4 860座。三峡、二滩、小浪底这三座水利工程标志着我国大坝建设技术由追赶世界先进水平到与世界水平相当，并有一批技术领先于其他国家。

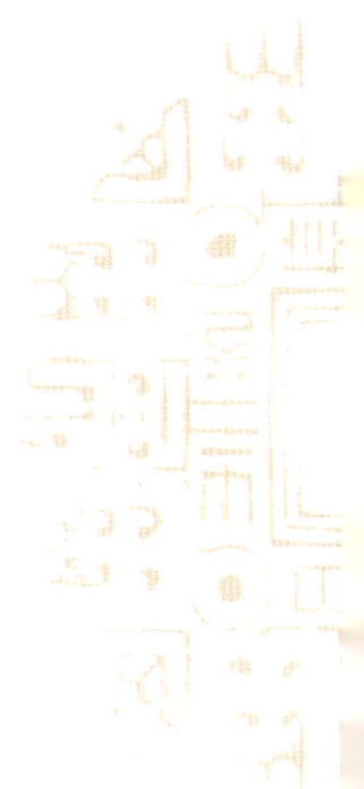

55. 卵石竹笼

图 55.1

卵石竹笼，李冰父子在建设都江堰的过程中首次采用。系采用当地的慈竹、白夹竹编织成长长的圆柱状竹笼，竹笼里边塞满河边冲积的卵石，一笼接一笼，一层接一层，造成了坚固耐冲又不积水的堤坝。竹笼虽形态朴实，却十分结实耐用而且经济，在都江堰的溢流、护基、抢险中发挥着极大作用。

早在汉代，都江堰特有的竹笼装石筑堰法已经在全国推广和应用。汉成帝建始四年（公元前 29 年）黄河决口，河水泛滥成灾，涉及 4 郡 32 县，淹没、冲毁农田居地 15 万顷，房屋 4 万所，最深处水达 3 丈。这次水灾逼得负责治水平患的御史大夫尹忠因治水无力而自尽。而令人意外的是，如此迅猛的水灾居然被一位来自四川资阳叫王延世的人给解决了。他用的方法很简单，以竹笼长 4 丈，大 9 围，盛以小石，两船夹载而下之。他仅用了 36 天时间，就修复了黄河决口的河堤。高兴不已的汉成帝不仅提拔王延世为光禄大夫，而且，还将复堤之年（公元前 28 年）改为河平元年。其实，王延世治理黄河所用之法，就是秦代在修建都江堰时发明的河工技术。2 000 多年后的今天，人们依然采用此法，上世纪 90 年代长江抗洪时还曾使用竹笼抢险。

都江堰的其他治水经验，如六字诀“深淘滩，低作堰”，八字格言：“遇湾

截角，逢正抽心”、“乘势利导，因时制宜”和“杩槎”、“干砌卵石”、“羊圈”等独特的工程技术都曾被广泛运用于黄河流域、淮河流域和珠江流域的防洪抢险之中，同样发挥着无法估量的作用。都江堰的水虽然不能灌溉黄河、珠江、淮河等大江大河两岸的土地，但是它的治水经验与河工技术却已默默地延伸到了中华大地上的每一条河流，都江堰用它独有的科技灌溉着华夏大地。

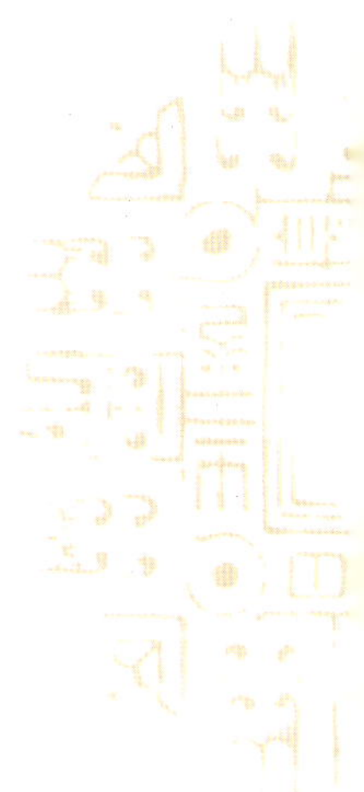

56. 杩槎

图 56.1

杩槎，是用杆件扎制成支架，内压重物的河工构件，又称闭水三脚、木马（图 56.1）。在四川地区使用较多，明嘉靖时（16 世纪前半期）已见于文字记载。

单架杩槎是由三根长约 6～7 米的木桩绑扎而成的三角支架。在施工处，若干架杩槎相连，每个杩槎架上置大卵石笼作为压重（图 56.2），迎水面钉长木条，前铺竹席，形成浑然一体彼此相联的挡水平面，然后在挡水面自下而上层层抛入掺有卵石的粘土，成为一道不透水的截流堰。杩槎可用作水工建筑物的施工围堰、临时调节水量的拦河堰等。此外，还可用于抢险堵口和护岸工程。杩槎的优点是易拆易建，木桩可重复使用，是一种造价低廉的临时性工程结构。

图 56.2

用三根圆木捆成的等边三脚架，用竹笆编成长笼，装上卵石串入若干个三脚架之间，这样的工具在都江堰随处可见，这就是杩槎和竹笼。别看它们结构简单，挡水效用却很大，都江堰每年岁修及拦水截流都得用它。

让我们来推演一下杩槎拦水的过程。杩槎顶部用竹绳捆紧，三脚分开，一连串腿挨着腿，排成一行站在江水里。迎水的一

面，横七竖八钉起一根根木条，木条外边铺上一层竹篱笆。本来江水正自由自在地向前流淌，现在遇到了一层阻力，并不算大，江水也不介意。接着，人们在篱笆外边又铺上一层粗竹席；然后慢慢地再铺上一层细竹席；这时江水向前流淌的脚步渐渐放慢下来，它越来越走不动了，于是使劲推那些三足架。人们再在架子里边压上许多装有大卵石的竹笼，增加重量，还在背后打上木撑子，江水便休想把三足架推倒。最后，为了彻底拦断江流，人们还得挑起一担担泥土，沿着细竹席的外边倒进水里，让泥土封住竹席上的细孔。这时江水只好停下脚步，被人们和和气气地、慢条斯理地、按步就班地拦住，失去了原来的威势。

像杩槎这套把戏，不过就是在脾气暴躁的江水面前得寸进尺。用杩槎和竹笼治水，用的都是岷江边上盛产的竹木，还有些不值钱的泥石。挡水任务完成之后，只须用绳索一拉，一连串的三足架就会像多米诺骨牌一样地倒下来，任江水冲往下游。木头们漂在水上，可以捞上岸来晒干来年再用。至于那些篱笆和席子，多多少少也能捞回一些，晒干了当柴烧。材料本就不贵，何况浪费更少。这种古老的截流方式就地取材，使用灵活，功效颇高，而费用仅为现代化抛石围堰截流的1/3，并且相当环保。

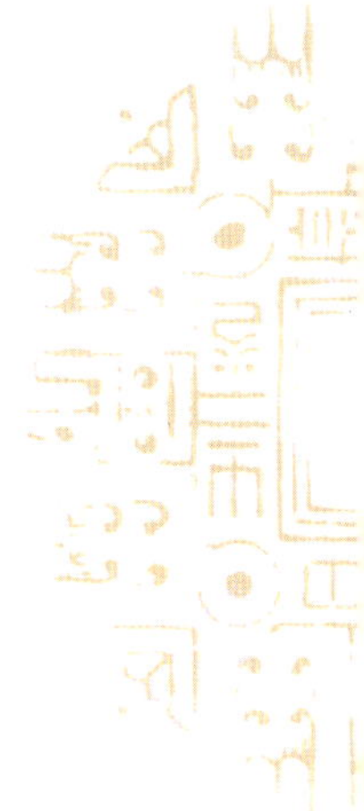

57. 埽工

埽工是用树枝、秫秸、草和土石卷制捆扎而成的河工和水工构件，主要用于护岸、堵口、筑堤等工程。多个埽叠加连接构成的建筑物则称为埽工。埽工主要用于黄河等多沙河流上。黄河岸边的老埽工曾形象地以人体的各个部位来比喻埽体的构成部分，料用于抗御水流的冲刷，为埽之皮；桩用于支撑埽体，为埽之骨；绳可以拴系埽体，为埽之筋；土可以充实埽体，为埽之肉；水可以涵养埽体，为埽之血。

战国时期，以芦苇、茅草之类的植物作成“茨防”来堵塞决口。这种“防”大约就是最早的草埽。汉武帝瓠子堵口所用的是以竹子为骨架的类似于埽的水工构件。北宋初年，这种水工构件获得正式术语“埽”。其时，埽工技术已经走向成熟，并得以普遍应用。天圣年间（1023—1032 年），埽工建筑已遍布黄河两岸，上起今河南孟县，下至今山东惠民县，共有埽工 45 座，成为黄河防洪的关键工程。此后，随着黄河下游河道的不断北移，埽工工程也逐渐向北延伸。至元丰四年（1081 年），黄河北流已有 59 埽。埽工设专人管理，所需维修经费由政府按年拨付。图 57.1 为百姓向水中推埽的照片。

图 57.1

北宋是黄河堵口技术发展的顶峰期，堵口所用的河工构件——埽工的结构和施工工艺也走向成熟。北宋庆历年间（1041—1048 年），在商胡埽（在今濮阳境）的合龙工程中，有一位名叫高超的治河工人发明了一种新的堵口技术，即三节下埽

法。此法深受北宋著名科学家沈括(1031—1098 年)的赞赏,并被收录到《梦溪笔谈》中。据说,当堵口工程进至长约 60 步(约合 90 米)的龙门时,以往下一整埽、一次合龙的方法一再失灵。高超分析道:这是因为埽身太长、人力难以将之压至水底的缘故。如此,水流未断,埽工绳缆反倒多处断裂。因而建议将 90 米长的大埽平均分作三段,每段 30 米,依次下压。当时负责堵口工程的郭姓官员不以为然,坚守陈规,终致河决愈甚。与此同时,另一位赞同高超建议的官员偷偷进行了试验,结果颇为奏效。最后,全面采用高超的方法,堵口方告成功。

埽工是我国古代治河工程的独创,具有如下显著的优点:①就地取材,制作快捷,便于急用;②可水上施工,亦可分段分坯施工,能在深水情况下(水深 20 米上下)构筑大型险工和堵口截流;③所用梢草、土石等本为散料,但可用绳索、桩木等将之固结为整体;④梢草、秸料等具有良好的柔韧性,易于适应水下的复杂地形(尤其是软基),易于缓流、留淤;⑤用埽工构筑施工围堰,完工后便于拆除。然而,埽工自身也存在着严重的缺陷,这主要表现在如下三个方面:①梢草、秸料和绳索等易于腐烂,需经常修理更换,花费较多;②埽体的整体性较石工等永久性建筑物差,往往一段垫陷,即牵动上下游埽段连续垫塌、走移,形成严重的险情;③埽工桩绳操作运用复杂,施工工人必须技术娴熟。

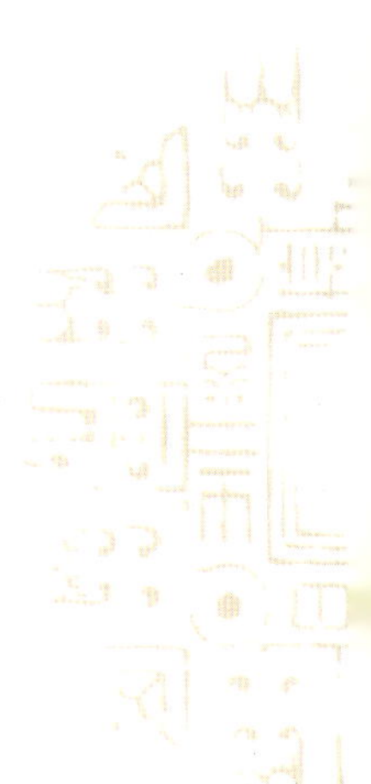

在以往生产力较低,石料加工不易,水下胶结材料缺乏的情况下,埽工一直是当时不可或缺的水工构件,直到近代引进了混凝土材料,才逐渐被砌石坝工所代替。目前,在一些小型防洪工程、引水工程以及施工围堰工程中,有时仍然采用埽工技术。

58. 土工膜

复合土工膜以塑料薄膜作为防渗基材，与无纺布复合而成的土工防渗材料，它的防渗性能主要取决于塑料薄膜的防渗性能。

图 58.1

目前，国内外防渗应用的塑料薄膜，主要有聚氯乙烯(PVC)和聚乙烯(PE)，它们是一种高分子化学柔性材料，比重较小，延伸性较强，适应变形能力高，耐腐蚀，耐低温，抗冻性能好。其主要机理是以塑料薄膜的不透水性隔断土坝漏水通道，以其较大的抗拉强度和延伸率承受水压和适应坝体变形；而无纺布亦是一种高分子短纤维化学材料，通过针刺或热粘成形，具有较高的抗拉强度和延伸性，它与塑料薄膜结合后，不仅增大了塑料薄膜的抗拉强度和抗穿刺能力，而且由于无纺布表面粗糙，增大了接触面的摩擦系数，有利于复合土工膜及保护层的稳定。同时，它们对细菌和化学作用有较好的耐侵蚀性，不怕酸、碱、盐

图 58.2

类的侵蚀。

复合土工膜的使用年限，主要由塑料薄膜是否失去防渗隔水作用而定。据前苏联国家标准规定，水工用的厚度为 0.2 米的加稳定剂的聚乙烯薄膜，在清水条件下工作年限可达 40～50 年，在污水条件下工作年限为 30～40 年。因此复合土工膜的使用年限足以满足大坝防渗要求的使用年限。

目前，我国生产土工膜的厂家比较多，产品规格也五花八门，有一布一膜、一布二膜、二布一膜、二布二膜及多布多膜等。类似的材料还有土工布、土工格栅等。

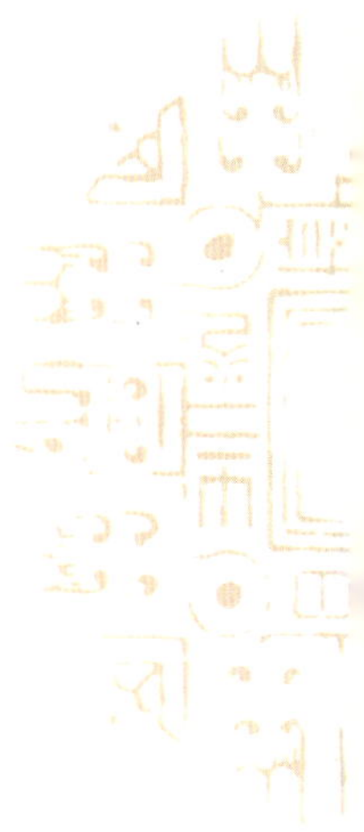

59. 水则

水则，是中国古代的水尺，又叫水志。

图 59.1

古时的水则，不同于现在的水尺，是采用石人以测量水位高低。现知历史上最早的水则，是李冰修都江堰时所立三个石人（图 59.1）。《华阳国志》记载：“江水又历都安县，李冰作大堰于此，壅江作堋，堋有左右口于玉女房下白沙邮，作三石人，立三水中，与江神约：水竭不至足，盛不没肩。”这里所说的都安县，即今灌县。所谓“水竭不至足，盛不没肩”，意思是枯水位不低于脚，农田用水才不致发生旱灾；最高水位不要过肩，否则会发生洪灾。有趣的是，这是与江神约定，要它按此要求放水，不得过多过少以碍民生。从岷江洪枯水位分析，石人的高度应在 5 米以上。

古代这种没有刻画的水则，除了用石人来标志以外，还有就是用某一个字来标志。比如，南宋在今宁波设立的平字水则，上刻一大“平”字。规定涨水淹没平字，即开沿江海各泄水闸放水，以免农田受灾；落水露出平字就关闭闸门。明成化年间，戴琥守越，为加强绍兴河湖水位管理，特在佑圣观前河中设立水则，又在佑圣观内竖立水则碑，即《山会水则碑》。规定“水在中则上，各闸俱开；至中则下五寸，只开玉山斗门、扁拖、龛山闸；至下则上五寸，各闸俱闭”。水则碑对山会平原的河湖水位，对不同季节、不同高程的农田耕作，及舟楫交通，都能全面照顾到，而且设于府城之内，府衙之旁，便于观察和执行。它从成化十二年（1476 年）起，使用了 60 年，一直到三江闸的建成。该石碑现陈列于大禹陵碑廊（图 59.2）。

图 59.2

水则进一步发展，开始用刻画来表示水位高低，但起初还只是刻画洪枯水位。比如《水经·伊水注》记载，三国魏黄初四年（223年）伊阙石壁上的刻画及题词；自唐代已有的长江涪陵石鱼只刻记枯水位等（图59.3）。民间自刻的这类刻画也有不少，大江河上往往存有前代遗迹。

图59.3

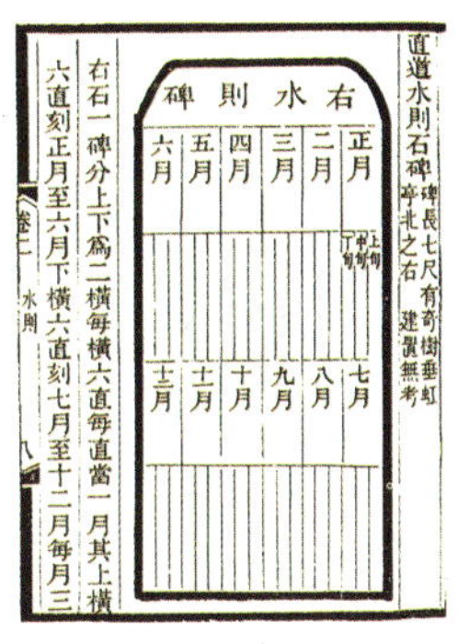

直道水則石碑 碑長七尺有奇樹垂虹亭北之右 建置無考

右水則碑

正月（上旬 中旬 下旬） 二月 三月 四月 五月 六月

七月 八月 九月 十月 十一月 十二月

右石一碑分上下爲二横每横六直每直當一月其上横六直刻正月至六月下横六直刻七月至十二月每月三

卷二 水則 八

图59.4

水则最为常见的是有等距刻画的水则碑。如宋代至明代太湖出口、吴江长桥刻有横道的石碑，用以量测水位，此碑还刻有非常洪水位（图59.4）。吴江长桥另一块刻有直道的石碑为记录每旬水位用，它上面也刻记非常洪水位。

都江堰用刻划水则观测水位，有正式文献记载的是宋代。1936年都江堰正式设立了宝瓶口水位站，施测项目包括水位、流量、水温、降水等，1944年上部水则被洪水冲毁，用木质水则代替。1951年由都江堰管理处改为石质水则，分上下内部，下部四至十六划，上部十六至二十五划。1961年加固离堆、宝瓶口崖岸时，在古水则旁，以吴淞零点高程为标准，浇成混凝土刻划。

如今，在都江堰渠首设置了多处以水位流量、推移质观测为主要内容的六个专用水文站，灌区各主要干支渠，分别建立了配水测站、分水站和交接水站，以及平原区地下水观测井网。随着科学技术的发展，都江堰正在研究准备利用闸门自控器、水位数传机、闸门集中调度控机等设备，以实现遥测、遥调、遥控、遥讯，向现代化迈进。图59.5为现代水利技术人员正在观测水位。

图59.5

60. 水准仪

水准仪(水平仪),测量地面两点间高差的一种仪器,能够提供一个水平面或者水平视线,用于治水施工过程。古代人把竹子劈开灌满水当作水平尺,也有用盆装水作为水平基准的。河南古观象台采用的是往槽子里注水的方法,以获得大的水平面。现代使用气泡水平仪来获得水平面,其基本构造是一个微向上弯的玻璃管,管内注水并留有一个气泡,把管子装在一个制作精细的长条形基座上,当基座稍有倾斜的时候,气泡就会向高起那头移动。

图 60.1

据传和禹同期还有一位著名的工官叫"垂",他发明了古代建筑施工中最基本的工具——"规"(圆规)、"矩"(直角尺)和"准绳"(水平尺)。禹在治水的过程中,就已经开始使用这些工具来测量水位和地形,终于平息了水患。战国时墨子最早阐述了"水平"概念:"平,同高也。"静水的表面是个平面,这个平面可作为比较两地高差的基准,这是水准的基本概念。以水平面作为施工基准的最早记载见诸《庄子・天道》,"平中准,大匠取法焉",也就是说有经验的工匠施工时以水平面为基准。公元前 3 世纪,秦国博士伏生准确阐述了水准测量的实际应用:"非水无以准万里之平。"意思是说只有用水准才能确定万里高差。

早在有文字记载之前,城市建筑中即采用了水准测量。考古发现在河北藁城西台的商代中期建筑遗址的基槽壁上有用云母粉画出的水平线,这可能是用作基础整平的标志线。而要画出这样的水平线,"必须使用类似水

准仪的工具才能够做到”。

《周礼·考工记》成书于战国初年，该书建议采用“水地以县(悬)”的方法来解决城市建设过程中的方位确定和土地平整问题。就是在建筑工地的四角竖立4根木柱，然后用水平法测定其高度。四角地面的高程确定后，再根据建筑物各个部位对地面高程的要求去平整开挖。这种水平仪比较简单。春秋末年晋国修建智伯渠时，也是先设“水平”观测所修工程的高低，然后据此确定是否可以引用晋水淹灌敌军。西汉时，徐伯主持了陕西渭河南岸数百里长的航运渠道的成功测量，而这必须依赖准确的水准和方位测量。

图60.2是唐代李筌在《太白阴经》中记载的古代水平仪。这是目前所能见到的中国最早的水平仪图形。这个1 000多年前的水平仪，主要由三部分组成：水平、照板和度竿。观测时，首先向水平槽三个相互通连的小池中注水，三浮木随之浮起，浮木上的立齿尖端自然保持在同一水平线上。如此，观测者便可借助这些立齿尖端，水平地瞄望竖立在远处的度竿。由于度竿的刻度太小而施测距离较远，当时又没有望远镜可以利用，度竿上的刻度很难看清。“照板”的设计解决了这一难题。其使用方法是：一人手持照板在度竿前上下移动，当观测者见到板上的黑白交线与其瞄准视线齐平时，就招呼持板人停止移动，并由持板人随即记下度竿上的相应刻度。

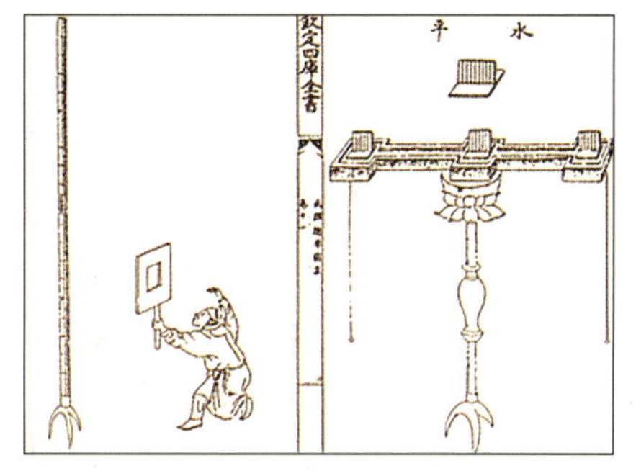

图60.2

与水平不同，另一种不用水的测量水准的仪器叫“旱平”，它主要利用水平方向与垂球垂线相垂直的原理制作而成。此外，成书于北宋元符三年(1100年)的《营造法式》中，作者李诫首次阐述了用两个直尺并联而进行的水准量测，工作原理与“旱平”相同。书中关于水平尺的原理和构造的讲述，已经接近于现在的水准仪，可见当时的测量技术已经相当精确。

61. 流速仪

流速仪，是测量河流、湖泊和渠道等水体的水流速度的仪器。在现代治水过程中，为了提高治水的科学性，人们不仅利用水位尺测量水位高低，还利用流速仪来精确测量水流的速度。

图 61.1

流速仪有机械、电测和超声三种类型。机械型以转子式为主，有旋浆式和旋杯式流速仪。电测型有电磁式流速仪。超声型有时差法和多普勒法流速仪。旋杯式和旋桨式流速仪，均须借助水流冲击力而旋转，旋转快慢随水流速度而变，其关系须经检验确定。其组成分水下和水上部分，水下部分有旋杯和铅鱼，水上部分有电传计数器。施测时以悬杆或钢索(索下端吊铅鱼以防流速仪漂浮)悬吊流速仪沉入水面以下一定深度，旋杯或旋桨的旋转信

号经电线传到上面的计数器，再用检验公式计算，即得该点的时段平均流速。

流速仪一般适用于定点测时段平均流速。由磁式流速仪或一转多讯号的转子式流速仪能测瞬时流速，也可用作动船法测速。仪器的测速范围一般为 0.03～5.00 米/秒，适用水深一般为 0.2～20 米。1790 年德国 R·沃尔特曼制成转子式流速仪，用于流速测量。中国 20 世纪五六十年代制造使用的旋杯式和旋桨式流速仪，具有防水防沙性能良好的特点。流速仪的发展方向是非转子的电测技术、光学技术、超声波技术和遥测技术。

62. 雨量筒

雨量筒，亦称雨量器，测定降水量的仪器。外壳为金属圆筒，分上下两节。上节承接雨水，底部为一漏斗，漏斗伸入储水瓶内。下节放储水瓶，以收集雨水，一般离地面70厘米，也有将器口与地面齐平的。降雨后将储水瓶中的雨水倾入特制的雨量杯以读得雨量的数值。

雨量杯是测定雨量的特制玻璃杯。杯上刻度按雨量器与雨量杯口径的比例制作，此比例按规定采取为$\sqrt{10}$倍，以便量得毫米水深即相当于0.1毫米雨量，便于读取0.1毫米精确度的雨量数值。像雪这样一类固体降水物有两种表示方法，一是将雪花融化成水，再测量它的大小，另一种方法是用积雪的深度表示。1毫米的雨量是表示在没有蒸发、流失的情况下的降水。各观测站使用统一标准，这样的记录资料就有可比较性。

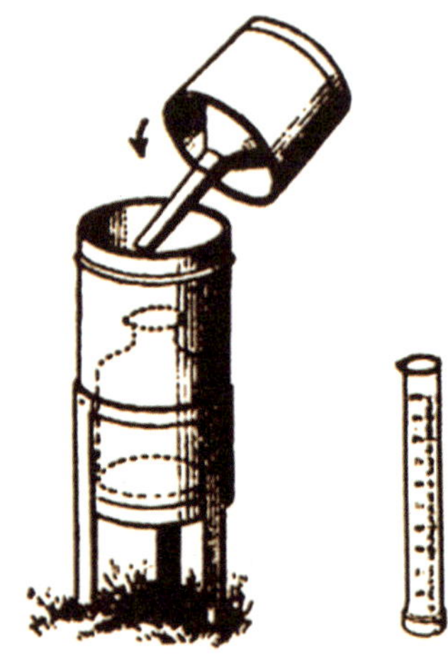

图62.1

1424年，中国明朝永乐年间制发雨量器，供全国各州县使用，是世界上最早使用雨量器的国家。《中国水文大事记》记载，民国9年(1920年)10月，内务部通知全国各省要求转饬所辖各县自民国10年1月起，每季报送雨雪量数表一次，“其量数办法，应责成该管各县知事，于县公署及其四乡之自治机关，或公益团体办事处，各置雨雪器一具，器用木质或铅铁所制之平底圆桶，其径及深应各在二公尺以上(11月又更正为，其量器之径及深应各在半公尺以上)。自底至口附以公尺之分寸，每退雨雪，查验其量数后，即将器内扫除尽净，随时将日期及量数呈报县知事查核填表汇报”，并附规定的报表格式。经查所存档案，自1921年至1926年，陆续向内务部报送雨雪量数表的只有京兆(北京)、直隶(河北)、热河、察哈尔、绥远、山西、新疆、江西、福建等9个省市。

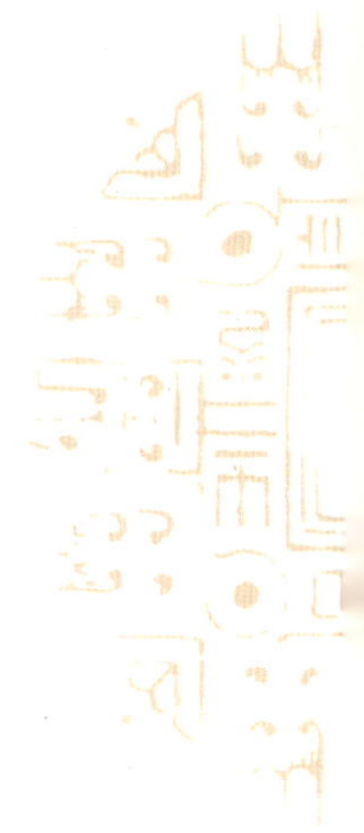

陸 镇水用具

我们国家河流湖泊众多，单就河流来讲，流域面积在100平方公里以上的就有5万多条，总长42万多公里，全国河川径流总量26 600多亿立方米，居世界第六位。自古以来，河水灌溉了丰饶的土地，养育了中华民族的子孙万代。但奔流的河水，时而却像是一条咆哮的蛟龙冲破堤岸，给生活在它身边的人们带来了无尽的灾难。从古至今，水患不绝，从大禹治水、盘庚迁都到李冰父子修都江堰，治水患是历朝历代的中心工作之一。为了束缚住这条“蛟龙”，先人们想尽了一切科学的和非科学的方法，如今我国各地有关镇水的遗迹就是其真实的历史写照。

西门豹治邺

战国时候，魏王派西门豹去做邺（今河北临漳县）令。西门豹到了邺县，看到那里人烟稀少，满眼荒凉，询问后得知这样的惨象全都要归咎于地方上的巫婆等人所做的为河伯娶媳之事。

据称，河伯是漳河的神，每年都要娶一个年轻漂亮的姑娘，要不给他送去，漳河就要发大水，把田地、村庄全淹了。新娘子是从年轻漂亮的闺女中选出的。到了河伯娶媳的那天，巫婆等在漳河边上铺一领苇席，给姑娘打扮一番，让她坐在苇席上，放到河里，顺水漂去。苇席开始还在水上漂着，过了一会就沉下去了。所以，有闺女的人家都跑到外地去了，这里的人口就越来越少，地方也越来越穷。

西门豹问："河伯娶了媳妇，是不是漳河就不发大水了？"当地人说："还是发。巫婆说幸亏每年给河伯送媳妇，要不漳河发水还得多。"西门豹说："巫婆这么说，河伯还是灵啊！下一回他娶媳妇，告诉我一声，我也去送送新娘。"

到了河伯娶媳妇那天，河边上站满了人。西门豹真的带着卫士来了。巫婆和地方上管事人急忙迎接。西门豹说："把新娘领来让我看看她长得俊不俊。"一会儿把姑娘领来了。西门豹一看女孩子满脸泪水，回头对巫婆说："不行，这姑娘不漂亮，麻烦巫婆到河里对河伯说一声，另外选个漂亮的，过几天送去。"说完，叫卫士抱起巫婆，把她投进了漳河。等了一会儿，西门豹说："巫婆怎么还不回来？让她徒弟去催一催。"又将她一个徒弟投进河里。等了一会儿，又将她另一徒弟投进河里。又等一会儿，西门豹说："看来女人办不了这事儿，麻烦地方上的管事去给河伯说说吧！"说着又要叫卫士把管事的扔进漳河。这些地方上的管事人，一个个吓得面色如土，急忙跪地求饶，头都磕破了。西门豹说："好吧，再等一会儿看看。"过了一会儿，他才说："起来吧！看样子是河伯把她们留下了。你们都回去吧！"这一下老百姓都恍然大悟了。原来巫婆和地方的管事人都是害人骗钱的。从此，谁也不敢再提给河伯娶媳妇的事了。

63. 铁 牛

利用牛镇水，在中国有着悠久的历史。江河湖海之滨总有些用铁、铜等金属浇铸的牛。这一信仰习俗源于许多传说，一种与大禹治水有关，可追溯到夏代。《中华古今注》载："陕州有铁牛庙，牛头在河南，尾在河北，禹以镇河患，贾至有《铁牛颂》。"以牛为镇水兽，有一个发展过程。起初为自然神——牛，进而为夔。《山海经·大荒东经》称夔住在东海的流波山上，其状如牛，苍身无角，一足出入水则必兴风雨。在夔的基础上，又演变为无支祁。唐人曾记述大禹用庚辰制服了无支祁，"颈锁大索，鼻穿金铃，徙淮阴之龟山足下，俾淮水永安流注海也"。该文称无支祁是猿猴形状，缩鼻高额，青躯白首，金目雪牙，说明唐代民间还流传着大禹锁无支祁，令其镇水的传说。

另一种传说与李冰治水有关，这可追溯到战国时代。传说战国时李冰治水，开凿都江堰时曾变成身披白绶带的牛与江神斗法，江神也变成牛。李冰曾以牛为化身，征服了江神，故后人也以铜牛、铁牛镇水患。两种传说虽然时代、人物和情节不同，但有一点是共同的，都是为了对付洪水泛滥，而镇住洪水的神灵都是神牛。牛既然是神，就有无穷的神力，有许多神异功能，其中之一就是有镇水、安澜的神力。

铁牛能镇洪水的构想，据说源于兴风作浪的水中蛟龙惧铁，且按中国传统的阴阳五行之说，牛属土，土又能制水。铁牛集二者于一身，故用之镇水安澜。我国是农业古国，水利又是农耕之命脉，而水多了，又常带来灾害，所以，如何控制水源，乃是农耕民族的头等大事。利用神牛镇水也就成为重要的民间信仰。

济南铁牛

济南铁牛，被称为济南镇水之宝。对铁牛最早的记载是南朝宋范晔所

著的《后汉书·郡国志》,距今已有 1 000 多年的历史,当时就有人把它当作“神物”。在民间有人称之为“镇城之宝”或者“镇水之宝”。

“铁牛”又被济南人称作铁牛山,被济南人传说了上千年,可谓家喻户晓。传说中,济南孔庙外的老百姓在寂静的夜晚,常能听到牛的叫声,有人就认为是铁牛在叫。据《历城县志》记载,济南有“三山不见出高官”之传说,“三山”通常是指历山顶街上的历山、汇泉寺街上的灰山、庠门里街上的铁牛山,都是些不足 1 米的“迷你山”。而在《续历城县志》中则记载,铁牛山“非铁非石,宛然牛也”。据附近居民讲,上千年来铁牛一直在孔庙前玉带河西南,后来建房时被埋到地下。

铁牛于 2001 年 10 月 2 日出土。长 1.5 米,宽约 0.6 米,高约半米,貌似牛,似铁非石,表面十分不平整,估计重约 6 吨(图 63.1)。由于在地下埋藏多年,它身上布满铁锈和泥土。至于这铁牛一样的东西的具体来历,却没有人能说得清。有人说它是“镇水之宝”,有人说它不过就是块天然的铁矿石,但究竟是此地原产,还是由他处运来,何时在此,历史上都从无记述。不过清人有诗云:“我闻济水南,沧桑变未休。历山久无顶,耕者沉铁牛。”并且诗后加注曰:“历山、铁牛山久埋入地,今成市衢而存其名曰:历山顶、铁牛顶云云。”由此看来铁牛在此颇有些历史了。

图 63.1

济南多泉,自然多水。虽然至少在宋代曾巩执政济南以来这里就有了完备的水系,大明湖修建了调节城内河湖水位的北水门,小清河也为城里的泄洪起了至关重要的作用,但地下水位高且地势低洼的老城,遇到大雨时洪涝也时常发生。因此在众泉汇集之地、玉带河畔、大明湖之滨,安放铁牛镇水,便是顺理成章的事。

开元铁牛

开元铁牛亦称唐代铁牛,位于永济市城西 15 公里,蒲州城西的黄河古道两岸,各四尊。铸于唐开元十二年(724 年),为稳固蒲津浮桥,维系秦晋交通而铸。元末桥毁,久置不用,故习称“镇河铁牛”。因黄河变迁,逐渐为泥沙

埋没。

图 63.2

1989 年 8 月在蒲津渡遗址上经勘查发掘，处于黄河古道东岸的四尊铁牛全部出土（图 63.2）。距蒲州城西墙 51 米，距西城门 110 米。铁牛头西尾东，面河横向两排，伏卧，高 1.5 米，长 3.3 米，两眼圆睁，呈负重状，形象逼真，栩栩如生。牛尾后均有横铁轴一根，长 2.33 米，用于拴连桥索。牛侧均有一铁铸高鼻深目胡人作牵引状，现已露出地面部分高 1.5 米，肩宽 0.6 米。四牛四人形态各异，大小基本相同。据测算，铁牛各重约 30 吨左右，下有底盘和铁柱，各重约 40 吨，两排之间有铁山。

淮 河 铁 牛

康熙三十八年，淮河水灾，邵伯镇南更楼决堤，决口长 180 米，深 13 米，漕运一时中断，次年开月河避开决口，漕粮方得北上。古人以金、木、水、火、土五行相克的哲学思想，于康熙四十年在淮河下游至入江处设置了十二只动物塑像，即“九牛二虎一只鸡”，安放于水势要冲，以期镇水安澜。其实，这十二只动物同时还有测定水位的作用，人们通过水位上涨到动物脚、身、颈的位置，判断水患发生的可能性。

史料记载，当时九牛分别安置在涟水东门外、三河闸、高良涧、洪泽湖、高邮马棚湾、邵伯、瓜州；二虎实为石雕壁虎，置于扬州壁虎坝；一鸡在江都昭关坝稽家闸石壁之上。如今“鸡飞虎跑”，只剩下几头铁牛散落于运河堤上。

图 63.3 为原放置于邵伯的铁牛，陈于斗野亭侧。铁牛长 1.98 米，高 1.10 米，重约 2 吨，腹空，横卧在厚约 10 厘米的铁座上，铸工精细，造型生动。上有咸丰二年《甘棠小志》作者、邵伯人董恂撰写的铭文：“淮水北来何泱泱，长堤如虹固金汤。冶铁作犀镇甘棠，以坤制坎

图 63.3

柔克刚。容民畜众保无疆，亿万千年颂平康。”

图 63.4

图 63.4 为原放置于高邮马棚湾的铁牛，居运河马棚湾段老西堤上，因运河被裁弯取直，于 1956 年京杭大运河拓宽时移入县城。先放在县文化馆，后迁至人民公园，现置于文游台水鉴馆保护。系清康熙四十年（公元 1701 年）时，由河道总督张鹏翮造，当时监道官是王国用。

图 63.5 为原放置于洪泽湖的铁牛，身长 1.70 米，宽 0.57 米，高 0.68 米，有厚 0.07 米的一块铁板与牛身铸为一体，共重约 2 250 公斤（一说重 4 000 公斤）。铁牛系生铁铸成，除牛角均已残缺以及部分铭文锈蚀外，余则保存较为完好。牛身肩肋处铸有阳文楷书铭文，铭文曰：“惟金克木蛟龙藏，惟土制水龟蛇降。铸犀作镇奠淮扬，永除错垫报吾皇。”

图 63.5

64. 铜牛

我国现存的铜牛南北各有一头，北方的就是闻名遐迩的北京颐和园昆明湖东堤岸边的那头铜牛，以神态生动、逼真闻名于世。该铜牛于清乾隆二十年（1755年）用黄铜铸成，故呈金黄色，有金牛之称。双角，长约2.4米，头顶距地面约1.4米，俯卧状，腹中空，背部铸有80字篆体《金牛铭》，为颐和园主要景观之一（图64.1）。

图 64.1

南方的铜牛在昆明市金牛街盘龙江西岸原井宿祠内。据史料记载，此地前后有两头铜牛，前一头不知铸于何年代，于清咸丰七年（1857年）被毁；现存这头是清同治三年（1864年），用黄铜铸造而成。金黄色，也有金牛之称，状如水牛，独角，长2.3米，头顶距地面1.3米，俯卧状，背部有碗口大的圆孔，腹中空。据当地人讲原来牛腹下有一眼深井，与盘龙江相通，涨大水时，井水上升翻腾激荡，引起牛腹共鸣发出吼声，故当时有"金牛吼三声，水淹大东门"之说。解放后不知出于何种心态把井填上了，从此再也听不到金牛的吼声了。

古人铸铜牛的目的是为镇服水怪，扼止水患。古代是天神至上，信奉二十八天神主宰天下的时代，在二十八宿中负责管理南方事务的有井、鬼、柳、星、张、翼、轸等七宿。井宿分管水事，模样如牛，故铸铜牛，借助井宿的神力

镇住水怪，以防止洪水泛滥。南北两铜牛铸造的用意、朝代、个头、姿势、用铜品种、颜色等方面都是相同或相似的，不同之处是北方为双角旱牛，背部有铭文；南方为独角水牛，背部有圆孔无铭文。两头铜牛经历了一二百年的沧桑，虽不能防止水患，但至今仍金光闪闪，熠熠生辉，形象如初，栩栩如生，不失为文物大观园中的瑰宝，祖国壮丽河山中的一道靓丽景观。

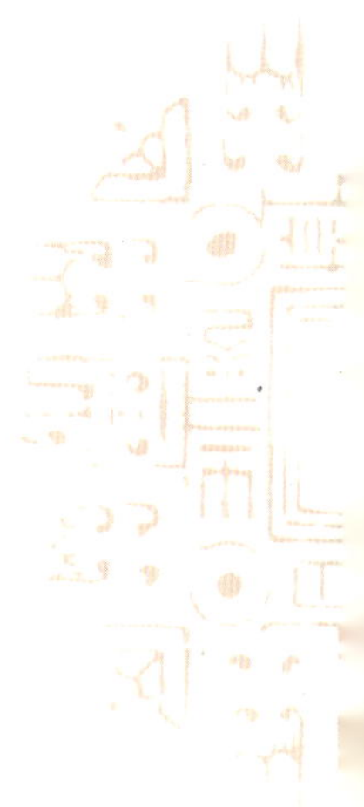

65. 石犀

石犀就是石刻的犀牛。《华阳国志·蜀志》记载李冰曾“作石犀五头以厌水精。穿石犀溪于江南,命曰犀牛里。后转置犀牛二头,一在府市桥门,今所谓石牛门是也。一在渊中。”这个说法,又见于《蜀王本纪》和《水经注》。厌,通压。水精,水怪或水神。视牛为神,是古代蜀人的图腾崇拜。犀牛化为神镇压水怪的说法,在蜀中自古相传。李冰刻石犀镇水,是沿袭了蜀人对石牛的崇拜。

都江堰渠首原有石犀二头,后被埋于河道沙石之中。清道光年间水利知事强望主持淘河时曾挖出两头石犀,置于堤上。不久,岷江发洪水,将石犀冲入江中,后又再次淘出。至民国初年,都江堰渠首人字堤上仍有一石犀,百姓称石犀所在地为“犀牛堤”、“犀牛望月”。1934年叠溪地震引发大洪水,石犀再次沉入水中,1935年又被淘出,置于堤上。1952年岁修时,工棚失火,石犀被烧毁(图65.1为都江堰二王庙中的石犀)。

图 65.1

犀牛是一种稀有动物,历来被视为神兽。再加上为李冰所制,这几头石犀就成为了成都具有浓厚神秘色彩的著名古物,历代有关成都的史乘笔记都有记载,以石犀为题的诗文更是多不胜数。唐代诗人杜甫和岑参客居成都时,都曾见过石犀。两人各自以石犀为题赋诗一首。

杜甫《石犀行》云：

君不见秦时蜀太守，刻石立作三犀牛。
自古虽有厌胜法，天生江水向东流。
蜀人矜夸一千载，泛溢不近张仪楼。
今年灌口损户口，此事或恐为神羞！
修筑堤防出众力，高拥木石当清秋。
先王作法皆正道，鬼怪何得参人谋。
嗟尔三犀不经济，缺讹只与长川逝。
但见元气常调和，自免洪涛恣凋瘵。
安得壮士提天纲，再平水土犀奔茫。

岑参《石犀》诗吟诵道：

江水初荡潏，蜀人几为鱼。
向无尔石犀，安得有邑居。
始知李太守，伯禹亦不如。

《石犀行》中，杜甫怀疑传说，诅咒神祇。他歌颂的是“众力”，是“人谋”，认为像石犀这样的“诡怪”应该让它随江水漂去。而与杜甫同时代的诗人岑参则由衷地歌颂石犀，歌颂李冰，认为李冰功绩超过了夏禹。在岑参笔下，石犀就是李冰的同义词，就是李冰的化身。与其说岑参相信石犀能镇水，不如说他更景仰李冰治水的万世功业。

66. 黄河神兽

黄河神兽为雕刻精美的青石怪兽，现安放在济南百里黄河风景区内的泺口险工之上。用怪兽镇水不知始于何年，是什么原因，也可能是人们认为怪兽具有较大的震慑力。目前发现的镇水怪兽其制造年代主要是明清时期。

图 66.1 所示黄河神兽，是于 2005 年 5 月 20 日在济南黄河泺口古渡土层内出土的。该石兽由一块 1.20 米、宽 0.60 米的青石雕刻而成，重约 300 公斤。石兽头呈狮状但有一对弯曲的角，身上覆盖着片片半个巴掌大小的鳞片。石兽整体伏卧在 1.20 米的青石板上，大脑袋轻搭在右爪上，双目圆睁，注视着脚下的滚滚黄河水。

图 66.1

经考古专家考证，该石兽身躯较大，线条粗犷而不失逼真，所以雕刻风格不似精雕细刻的清朝工匠所为，更应该是明朝或元朝之物。这种怪兽一

般为一对，分雄雌左右摆放。按照这个推理，已出土的石兽头向右侧扭头张望，应为左边的雄兽，右侧应该还有一只头向左侧扭头张望的雌兽。这是济南继大明湖、小清河之后第三次发现镇水神兽，不过相比较前两次，该镇水神兽是目前为止发现的最大最美观的一个。由于是在黄河大堤下面出土，石兽被称为“黄河神兽”。

黄河神兽作为镇水神物，见证了济南黄河河道历史变迁，充分反映了黄河两岸人民征服自然、期盼人与自然和谐共处的美好愿望，具有重要的历史价值，属于国家二级文物。

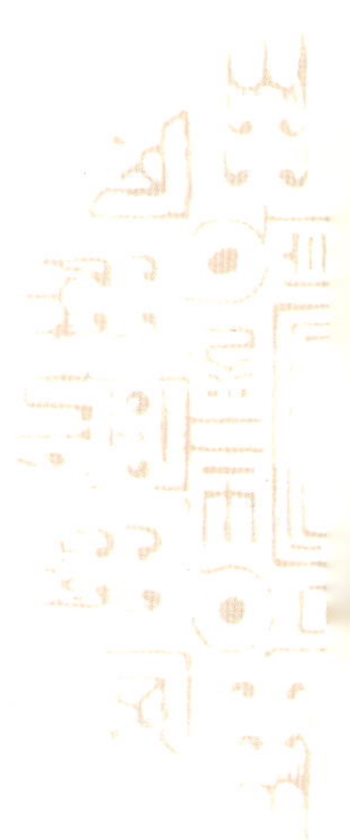

67. 独角兽

荆州江陵郝穴西北 1.5 公里荆江大堤上有一尊铸铁怪兽，兽头牛躯，头顶中央有一犀利的独角，故称为独角兽(图 67.1)。也有人称它为荆江铁牛，因其建在原镇安寺旁，又名镇安寺铁牛，当地人称之为铁牯牛。

图 67.1

清乾隆五十三年(1788 年)长江泛洪，荆州被淹，当时的统治者深感荆江难以驯服，于是求助于神灵保护，乾隆帝下旨铸独角兽 9 头，置于 9 个险段处镇水，但不久均被洪水吞没。咸丰九年(1859 年)荆州太守唐际盛又铸独角兽一具置于此，保存至今。独角兽身长 3 米，高 1.8 米，体宽 0.9 米，前足直撑，后足蹲踞，独角指天，昂首怒目，俯视长江，神态威严，气势雄壮，是长江

边唯一的一尊镇水怪兽。背上铸有铭文:“嶙嶙峋峋,其德贞纯,吐秀孕宝,守捍江滨;骇浪不作,怪族胥驯;千秋万代兮,福我下民。”

新中国成立以前,荆江堤防千疮百孔,水患不断,人民饱经悲患。对此,历代统治者在采取积极的治理措施的同时,亦求助神灵的保佑。怪兽厮守江流,虽夜以继日、任劳任怨,但终究未能制服肆虐的洪魔,且大多在与“蛟龙”的搏杀中折戟沉沙。怪兽背上的铭文虽言简意赅,但历史的结论却是事与愿违。如今其背负的铭文均已成为悠悠长江水患的历史见证,是荆江防洪史上难得的珍贵文物。

68. 宝剑

镇水宝剑为铸铁剑，重 1 539.8 公斤，长达 7.5 米，国家一级文物，现存山东兖州博物馆(图 68.1)。此铸铁剑，无论是其重量还是长度，在华夏现今出土的剑文物中均属第一，被誉为“天下第一剑”。

图 68.1

剑的吞口为一个怒目横眉的怪兽头形象，叫“睚眦”，传说它是龙王九个儿子中的第二个儿子，因为性格凶猛好斗，才做了兵器上的装饰。

剑柄铭文：“康熙丁酉二月知兖州府事山阴金一凤置”。宝剑的铭文告诉我们：这把铁剑是公元 1717 年 2 月，由当时的兖州知府金一凤铸造的。金一凤，原名金以成，浙江山阴人，时任兖州知府。每到夏季，绕兖州古城东、南而过的泗河便成了一条性格凶猛、暴戾无常的害河，一到汛期，它就像一匹不羁的野马，横冲直撞，冲毁村庄庐舍，淹没禾稼田园。这一年，洪水再次

泛滥，兖州知府金一凤捐出了薪俸，组织力量用一年多时间修好了位于城南的大桥。然后又主持铸了这把大剑，安放于竖立在大桥中间的桥洞外边，用来斩蛟伏龙，镇祛洪水。

岁月悠悠，人世沧桑，也不知从什么时候起，大剑被水冲倒埋在了沙中，人们早已不知道它的存在。直到 1988 年春天，群众在干涸的泗河底拉沙时发现了它，这把沉睡将近 300 年的大剑才重见天日。

69. 金人

金人，又称铁人、铁汉，位于山西晋祠金人台（也称莲花台）内，是金人台四隅守护神，建于宋绍圣年间（1094 年）。

自五代起至宋代，铜资源的开发远逊于前代，寺庙等地塑神像多以铁来代替，因而此时铁铸像较为发达。由于铸铁工艺较为复杂，一般用分节叠铸法，由数十块或上百块铁合铸而成，但其神采犹存。四尊金人通高 225 厘米，头戴冠，身着宋代将士军服，双腿开立，有的握兵器，身体魁梧壮硕，挺胸鼓腹，眉梢倒竖，眼珠鼓暴。人物勇武豪迈，于镇定自若中更添威武的气势，内在精神表现得十分真切，是宋代威武军将的写照。其中西南隅的金人最为精彩，它溜光锃亮，被称为宋代“不锈钢”，造型独特，威武雄壮（图 69.1）。其胸前有铭文，清楚地讲明铸造金人的原意是镇水利民，与有的地方铸造镇水铁牛的目的等同。东北隅的金人为民国 2 年（1913 年）补铸。

图 69.1

对于金人的解释有五种：一是晋祠志：“铁本是金，熔铁铸人，名曰金神，金能生水，有金则水旺。”于是善男信女集资铸造，祈求风调雨顺。二是村民为预防水患，祈求村庄平安，立此金神用于镇水。三是护祠金人，或称祠庙守护神。宋绍圣

五年题记载："倚灵感于永老，获恩德于长年"，乃侍卫圣母并祈求保佑之意（西北隅金人胸前铭）。四是晋阳为中国北疆边陲重镇，常受外族侵犯。宋毁晋阳后不久，太原为金人所陷。金虏徽钦二帝北去，北宋到此结束。似乎晋祠金人也是出自百姓对赵宋王朝的怨恨，加之宋帝软弱无能，于是将武装保卫故乡的愿望寄托于神灵武士。五是传说金人台是金兵占领太原并虏去宋朝二帝时筑此台歌舞庆贺胜利，于是得名"金人台"。

70. 铁镬

扬州瘦西湖大铁镬，两只，直径 6 尺多，厚约 3 寸许，高与人肩齐，各重 3 吨左右。南北朝时期所铸，碑文记载为镇水之用，距今已有 1 500 多年的历史。现安放于扬州瘦西湖徐园听鹂馆前，左右各一（图 70.1）。有《铁镬记》碑记载了其缘由。碑文由焦汝霖撰文，陈含光书。

图 70.1

铁镬乃南北朝萧梁时代遗物，有人说铁镬是扬州城的镇水之物，也有人说铁镬是隋炀帝江都行宫中用于消防贮水的用具。铁镬镇水之说更为可信，至于说它能够镇伏蛟龙不过是人们的一种美好愿望。其实铁镬本身有重量，凭借它可以减缓水的流速和冲击力，用以挡水和保护堤坝。在 1 500 年前的萧梁时代能铸造如此口径硕大的铁镬，可见当时冶炼技术的发达。如今这两只铁镬已成为游客怀古和观赏之物。

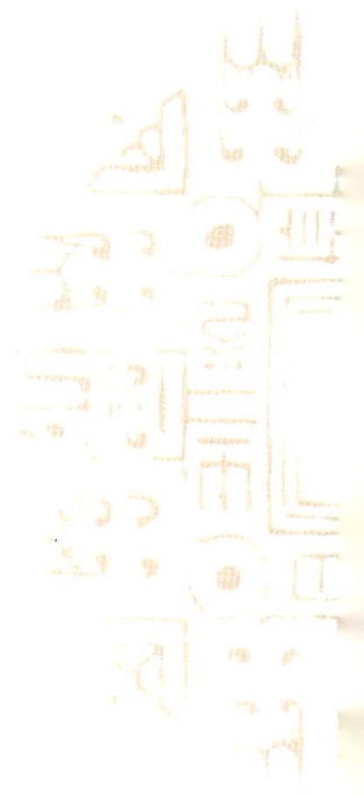

71. 镇水兽

镇水兽又称“螭”，为传说中龙生九子中的第四子，嘴大，肚子里能容纳很多水，在建筑物中多用于排水口的装饰，称为螭首散水。在古代，人们把它视为镇水圣物，常放置在桥的燕翅、栏板、柱头、拱洞顶石上。它一方面有装饰美化桥梁建筑的作用，另一方面也表达了古代人民希望依靠神兽的力量来镇压水患，驱吞河湖中各种兴风作浪的怪物的愿望。也有人说，龙生九子各不同，其中性好水的名曰叭嗄，镇水兽应算叭嗄的一种。还有人讲镇水兽就是传说中的饕餮，生性好饮水，故常被古人用来镇水保桥（图 71.1 为北京达园内殿前摆放的镇水兽）。

图 71.1

北京万宁桥两岸现有元代辟水兽石雕，卧于桥下，古朴剽悍。这两只与两个石座连在一起的镇水兽分别把守着河道的南北两岸，呈现出一种异常威猛的气势。“趴”在河道南岸的那只保存得比较完好，兽身的花纹、鳞片、眼睛、鼻孔都非常清晰，其前右爪齐脖处还有一道裂缝。“趴”在河道北岸的那只镇水兽风化严重，虽然其外观仍能看出和另一只有些相似，但其体表的

鳞片已经模糊不清了。根据其形态判断，它俩有可能是一对(图 71.2 为万宁桥东南岸的镇水兽)。

图 71.2

万宁桥，又名海子桥、后门桥，始建于元代。元灭金以后，忽必烈决定将国都从塞外和林迁到中都，派刘秉忠负责新都城的筹建。刘秉忠对中都城及四周的情况进行了认真的调查，认为旧都改建不易，决定抛开旧城，兴建新的都城。现在从大都城的平面图上加以分析可以看出，刘秉忠在规划新都城时，在古积水潭这一串弓形湖泊的最东部(即今什刹海前海的东岸)画了一条切线作为全城的中轴线。中轴线的起点，正是万宁桥的所在地。据徐国枢的《燕京杂咏》记载："俗传地安桥下埋有石猪，即为北平之子午线。"大都城建成后，在郭守敬的指导下，又修建了通惠河，由南方沿大运河北上的漕船经通惠河可直驶入大都城内的积水潭。万宁桥为积水潭的入口，漕船要进入积水潭，必须从桥下经过。因而，万宁桥不仅是北京漕运的重要遗址，也是北京城起源的重要标志。

据张江裁的《燕京访古录》记载："后门外地安桥下，有石刻三字，曰：北京城。"北京过去有句俗话："水淹北京城，火烧潭柘寺。"火烧潭柘寺，指寺内做饭用的大锅底部铸有"潭柘寺"三字。水淹北京城，就是指万宁桥下刻有"北京城"三字，作为水位的标志，当水位涨到"北京"二字以上时，北京城就可能发生水灾。

柒 防水用具

从古至今，防水用具在不断演变中，外观越来越精细美观，携带越来越方便。防水用具，早已成为人们生活中必不可少的日用品。防水用具的种类很多，有披在身上的蓑衣、穿在身上的雨衣，有打在头顶的伞、带在头上的斗笠，有穿在下身的雨裤、套在脚上的雨鞋等等。今天的人们，将对自身的防护更加细致，又发明了手套将手与水隔开。

随着人类的进步，许多防水用具逐步退出了人类日常生活，而被赋予更多的历史和文化意义。

鲁班造伞

■ 关于伞的发明，民间有种种传说。据说有孩子头顶大荷叶，冒雨行走，雨珠从凸面的荷叶斜边上滚落下来，“头顶荷叶”这一景象便启发人们发明了伞。但这仅是猜测，无据可考。流传较广而又有文字记载的是鲁班造伞。据说鲁班在乡间为百姓做活，妻子云氏每天往返送饭，遇上雨季，常常被淋。鲁班在沿途设计建造了一些亭子，遇上下雨，便可在亭内暂避一阵。亭子虽好，但不便多设，而且天气善变，往往来不及躲避。云氏想到如果有个小亭子可以随身携带就好了。鲁班听了，茅塞顿开，于是就依照亭子的样子发明了世界上第一把“伞”。而据《玉屑》记载，伞是鲁班的妻子为关心终日在外劳作的丈夫而发明的。春秋末年，鲁班在野外作业，常被雨雪淋湿。鲁班的妻子云氏，看到丈夫这样辛苦，就想做一种能遮雨的东西。她把竹子劈成细条，在细条上蒙上兽皮，样子很像“亭子”，而且收张自如，“收拢如棒，张开如盖”。这就形成了以后的伞。

72. 伞

雨伞是我们日常生活中最常见、最普及的一种防雨用具。中国是世界上最早发明雨伞的国家,伞在中国有着悠久的历史。古书《史记·五帝本纪》中就有关于伞的记述,迄今已有近4 000年的历史。古时伞也写作“繖”,据《伞物纪原》云:“六韬曰:天雨不张盖幔,周初事也。通俗文曰:张帛避雨,为之繖,盖即雨伞之用,三代已有也。”

图 72.1

伞和扇一样,最初是用鸟的羽毛制成的。随着丝织品的出现,才逐渐采用罗绢作伞。《孔子家语》中说:“孔子之郯,遭程子于途,倾盖而语。”这里的“盖”就是指伞。“盖”用丝帛制作而成,因此又称作“缴”,直到南北朝时才有了“伞”的名称。汉代以后,随着造纸业的发展,人们开始采用廉价的纸代替昂贵的丝帛做雨伞,并涂上桐油一类的油脂。约在唐宋时,纸制油伞开始普及民间,宋时制出了绿油纸伞。到了明代,又出现了精工彩绘的花伞,特别是明清时代,我国制伞业尤为发达。伞的发展历经时代的变迁,种类也越来越多。中国伞也由古老的伞盖发展为纸伞、布伞、尼龙伞、塑料伞、折叠伞、自动伞等许多品种,用作伞骨伞架的材料也从最早的竹、木发展为钢、铝、塑料、树脂纤维、有机玻璃等等。众多伞中,油纸伞和丝绸伞是极具代表性的。图72.1为罗绢伞,图72.2为油纸伞,图72.3为印花布伞。

图 72.2

图 72.3

伞在中国诞生之后，随着对外开放和交流的日益扩大，也就逐渐传到了国外。日本在唐朝时先后向中国派出了 19 批遣唐使，多达 500 余人，他们到中国观摩和学习中国文化，不仅把中国的历法、天文、音乐、美术等文化带到了日本，也把包括制伞工艺在内的多种生产技术、制造工艺带到了日本。1747 年，英国商人祖纳斯到中国旅行，发现中国人打着油纸伞在雨中行走，雨停后把伞一收，随身携带，甚为方便，回国时便买了一把。到 19 世纪中叶，雨伞成了英国人的生活必备品，用伞也成了英国人的一种时尚。中国伞在唐代传入日本和东南亚国家，18 世纪中叶传入英国，随后传遍欧美及世界各地。

伞不仅用于遮风挡雨，民间婚礼迎娶中亦有打伞的习俗。羌族新娘从出门至进新郎家时有打伞的习俗。苗民婚嫁、丧葬之俗尚简，不大操大办，从不用车马，新娘持伞步行。瑶族出嫁日，新娘由父兄或娘舅背负出门，然后，本村姑娘陪送打伞步行到男家。在瓷都福建德化，新娘打伞亦是民间婚嫁的一种风俗习惯。在新郎用花轿迎娶新娘的时代，送嫁嫂或送嫁妈、送嫁娘在新娘上轿前，手拿雨伞，轻轻地敲敲花轿角，口念四句吉祥语，祈祝新娘一生如愿。新娘下轿步行需打开夫家事先送过来的那把红色的新雨伞，以避邪趋吉、攘凶纳祥，其作用相当于洞房内罩在新娘头上的盖头。在台湾有一种民间忌讳，青年男女恋爱时不能相互送伞，谈恋爱外出时一般也不带伞。

今天，伞已不再是传统意义上仅为遮风挡雨所用，它的家族可谓子孙繁衍，款式众多。有置于案头、茶几上的灯罩伞，有直径达两米多的海滨浴场遮阳伞，有飞行员必备的降落伞，有折叠自如的自动伞，还有用于装饰的小小的彩色伞……

73. 斗笠

斗笠，一种用于遮挡阳光和雨水的编结帽，又称笠、笠子、笠帽。斗笠用竹篾、箭竹叶为原料编织而成，有尖顶和圆顶两种形制。讲究的以竹青细篾加藤片扎顶滚边，竹叶夹一层油纸或者荷叶，笠面再涂上桐油。有些地方的斗笠，由上下两层竹编菱形网眼组成，中间夹以竹叶、油纸。斗笠常以材质区别品名：一曰箬笠，即竹笠，又称箬帽，是以一种叫箬的细竹的叶或篾，夹细纸制成。二曰草笠，以草梗编成，其中芦苇质的称苇笠，香蒲质的称蒲笠。三曰毡笠，以毛毡片制成。四曰雨笠，是雨林地带采用当地棕皮、棕毛编结的大斗笠。图 73.1 为各式斗笠。

图 73.1

斗笠起始于何时，已不可考。从《诗经》“何蓑何笠”、《国语》“簦笠相望”来看，斗笠作为雨具，至迟出现于公元前 5 世纪初。《说文》中提到一个“簦”字，意为竹篾编的有盖有柄的遮阳挡雨的器具，而有盖无柄的则称之为笠，又叫笠帽。俗语称之为斗笠，因其平面如斗大小，故名。斗笠，又名箬笠。“楚谓竹皮曰箬”（《说文》），即以竹皮编织的斗笠。有的斗笠，以葵叶铺陈笠盖，因而称之为葵笠。有的则以笋壳夹于竹篾中，“笋皮笠子荷叶衣，心无所营守钓矶”（唐高适《渔父歌》）。斗笠“或大或小，皆顶隆而口圆，可芘雨蔽日，以为蓑之配也”（《国语》）。古诗文中，故常蓑笠并

用,“圆笠覆我首,长蓑披我襟”(唐储光羲《牧童词》)。在武侠小说中,斗笠常为高人手中的武器,往空中一掷,旋转飞行,直奔对方头颈,使读者叹为观止。

箬笠,不仅用于雨天遮雨,还可以在夏天遮太阳,如果天上下起冰雹,还可以当安全帽。箬笠还可在夏天在田头休息时当扇子用,赶蚊蝇也挺管用的。有时,两个人在山上干活,两人都口渴时,身边又没有可以装水的器具,就可以到山上摘一张大点的树叶,然后放到反过来的箬笠里,再把水装到叶子里面带回来,这样的话,一个人去找水,两个人都可以喝了。

乡下有伞,但不能代替斗笠。伞漂亮,但伞在乡下是贵重物品,不是每家必有之物,只有在走亲戚会朋友的时候,或者新媳妇回娘家,才打一把伞。但重要的是,伞要用手打着,而乡下人的手多数时候是要干活的,斗笠戴在头上,拴得牢牢的,任凭风雨吹打,手却只管干自己的活儿。戴斗笠必是雨天,春天插秧,夏天耘田、拔稗子;老汉放牛,壮汉排渍,都要戴上斗笠。斗笠只能顾头,身子还要靠蓑衣来挡雨。在那时的乡下,每逢下雨天出门,头戴斗笠,身穿蓑衣,高挽裤腿,打着赤脚,才是一个标准的种田人形象。有的地方斗笠顶端 1/3 部分染黑,中间 1/3 部分的外表,农家会请村里识文断字的人在上面写上自己的名字和一些吉祥话,如出入平安、风雨无碍等等,以求平安。

斗笠更多地是同农业、农民联系在一起的,随着我国城镇化建设进程的加快,农村的耕种模式逐渐趋于规模化,农民已走出了一家一户的小农时代,田间耕作须臾不可离的斗笠便渐次少见了。只是偶尔有些钓鱼人还带一顶斗笠或者草帽,站在水边自得钓乐。至于城市的钓鱼人,也早以布制的遮阳帽代替了草帽。人类的进步和时代的变迁,通过一顶小小的斗笠倒也一管窥豹了。

74. 蓑衣

蓑衣，是用竹叶或草、棕编成，披在身上以防雨的用具。

作为雨具的一种，蓑衣的出现可谓源远流长，最早的记载见于《诗经·小雅·无羊》："尔牧来思，何蓑何笠。"毛注曰："何，揭也；蓑所以备雨，笠所以御暑。"又曰："蓑，草衣也，蓑唯备雨之物，笠则原以御雨兼可御暑。"可见从一开始，蓑衣作为御雨工具的功用就是被明确规定了的。

蓑衣披在身上，斗笠戴在头上，蓑与笠作为人们防雨避暑的用具，常蓑笠并称。唐张志和《渔歌子》词中有"西塞山前白鹭飞，桃花流水鳜鱼肥。青箬笠，绿蓑衣，斜风细雨不须归"的记述。唐柳宗元《江雪》诗中也写道："孤舟蓑笠翁，独钓寒江雪。"宋苏轼《渔父》诗云："自庇一身青蒻笠，相随到处绿蓑衣。"古代蓑衣为莎草所制，与现代以棕叶制作而成的蓑衣不同，故现代蓑衣呈褐色，而古时蓑衣往往称绿蓑衣。

图 74.1

蓑衣厚实，防雨又保暖。底部像鱼尾，遮到人的大腿处，上半部分像蝴蝶一样左右张开，两端的棕毛整齐地排列在一起，用以把肩部和胳膊挡住。虽然穿着重些，但比起现代雨衣来还是有许多好处的，由于材料是棕丝制作，因此穿起来手脚活动灵活、穿着透气性好，不会像现在的雨衣那样让人闷气。同时，蓑衣很厚，既不怕尖锐的东西扎，防水性好，又起到保护身体的作用，所以防洪抗灾时穿蓑衣是很好的选择。

蓑衣按材质区分可以分为两种，一种是香草编织的，还有一种是棕制的。其中，最能体现传统手工艺精髓及收藏价值的是纯手工编织的棕制蓑衣。在闽西，蓑衣又俗称"棕蓑"，通体以棕制成，无袖，披在肩上能盖住胸背。一种后背长过臀部，一种后背较短，但下缀棕裙，穿着时既能活动自如，

图 74.2

又不致淋湿衣裤。棕蓑，有上下分摆式和整件连接式两种款式。在北方，制作蓑衣多是就地取材，选用一种坚硬的䒗草。这种草既柔且韧，长在路旁或沟沿，比山区的棕皮来得容易、来得多。秋天把它割回家，去粗取精，选上好的草梗晒蔫，按个人的肥瘦定个尺码，就可以编起来。

明李东阳《藤蓑次陈公甫韵》："采藤复采藤，日夕费斤斧。制为身上蓑，人古衣亦古。借问制者谁，白莎乃蓑祖。冉冉绿蓑衣，萧萧白沙渚。披蓑向江水，顾影还独语。爱此勿轻揖，春江正多雨。"李东阳的这首诗较为详细地描写了蓑衣的制作过程，即采莎为藤，编制成蓑衣。由于蓑衣制作工艺异常繁琐，每个环节必须全为手工制作，且需要很长时间和娴熟的技巧，所以制作蓑衣这门手艺今天已几近失传。

由于农业社会对天气的严重依赖，旱灾成了毁灭性的灾难，中国古人向有乞雨的传统。这时，雨天才穿的蓑衣便成了人们乞雨时必不可少的重要道具。人们往往披蓑戴笠，敲锣打鼓，乞求上天降雨。各地地方志中记载的求雨仪式中所求的神灵各异，但蓑衣往往都是需要上场的道具。求雨人要敞头赤脚，或头戴斗笠、身披蓑衣，呈现出一派下雨的景象。随着时代的变迁，上世纪 70 年代后蓑衣已逐渐被塑料或尼龙雨衣所替代。棕蓑虽然早被五颜六色的塑料雨衣所代替，甚至成了民俗艺术品收藏或作为商店及家庭的装饰品，但棕蓑耐用、透气、穿着活动自如和御寒保暖的作用是许多塑料雨衣所不能比拟的。

图 74.3

中国古代的雨具主要为雨衣和蓑衣，古代雨衣是用涂过桐油或荏油的油布缝制而成的。东汉时期发明油布，隋代已使用油布雨衣，一直沿用至上世纪 50 年代。油布雨衣因粗糙、质硬、不耐折叠等缺点，逐渐被淘汰。

雨衣除了蓑衣、油布雨衣外，还有胶布雨衣、塑料薄膜雨衣和防雨布雨衣等现代雨衣种类，其中专供骑自行车者使用的披风式雨衣，称作雨披。

75. 下水裤

除了防雨穿的雨裤外，有时人们需要在水中作业，也要穿特制的下水裤。例如，踩藕时穿的不透水连衣裤、钓鱼人穿的钓鱼裤等。

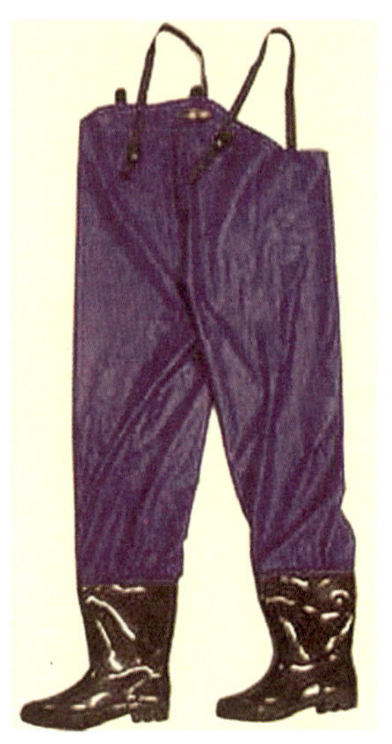

图 75.1

要采摘莲藕，只能下到水里去用脚踩。踩藕时，踩藕人身穿一件皮制的不透水的“连衣裤”。皮衣见水后质地变软，穿者在水中手足可以运用自如，只见人头或皮衣上口在水面上时沉时浮，很有节奏感。这是踩藕人用脚在水下探索找藕。找到藕枝后，还要找到合适的藕节，然后用力一踩，一枝鲜藕便从根上断下，再用脚将藕挑出水来，抓一块藕上的黑泥，涂在断口外，以免灌进水去。因藕内有空气，能够浮在水面上，否则就会沉入水中。最后将漂在水面上的藕收集起来，再挑到市场上去出售。

钓鱼时，钓到了上百斤的大鱼，拉不上来，只有将大鱼拖到浅水区，再穿上钓鱼裤跳到水里去，几人合力将鱼抱上岸来。或者有时兴起，钓鱼人竟就穿着钓鱼裤直接站在水里钓鱼。

图 75.2

76. 雨屐

雨屐，雨天所着的木屐。屐是古代对木制底鞋类的总称，其特征是前后装有两个木跟，古时称高跟为齿，故木屐又称“齿屐”。在汉代，男穿方头屐，女穿圆头屐，此中寓天圆地方之意。作战时，将木屐去齿就成为无齿战屐。图 76.1 为汉代方头木屐。

图 76.1

成语“千里之行，始于足下”出自《老子》，用来比喻大的事情要从第一步做起，事业的成功都是由小到大逐渐积累的。人要走路，必须穿鞋，用以保护脚免受伤害。由此可见，鞋在人们的生活中是何等的重要。鞋，是履、靴、鞋、屐的统称，古时称播、级或履。我国不仅是服饰文明古国，也是制造鞋的文明古国，大约在 5 000 年前的旧石器时代，原始人在用骨针缝制兽皮衣服时，也缝制了兽皮鞋子，用以护脚，追寻猎物。在 4 000 年前的夏朝，人们开始穿草鞋。3 000 多年前的《周易》中已有履字记载，履就是鞋。

木屐，是古人穿的一种木底鞋的通称，为我国古代人所钟爱。早在春秋战国时期就已出现，《庄子》中记载墨家“以屐为服”。据记载，晋文公多次请隐居于绵山上的功臣介子推出仕不至，便企图使用焚山燎木之法迫他出来。不料，介子推却抱住一棵大树并被烧死。晋文公很悲痛，就用那株树的木料制成一双木屐，每天穿着并不时叹曰：“悲夫，足下。”以此表达对介子推的怀念。后被市井人所模仿，并相沿成习。《后汉书·五行志》载：“延熹中，京都长者皆着木屐。”古代百姓穿木屐，一是为了凉爽，行走硬朗，二是为了防湿，尤其是在潮湿阴雨的南方，常把木屐作为雨鞋穿用。在明末清初，仕女和小孩多穿红色木屐，而男子则穿黑色木屐(图 76.2 为民国时期男子所着木屐)，

成为日常生活中的便鞋。即使女子出嫁，也要添画彩屐作为妆奁。由于着木屐优点甚多，流传到了日本，今天日本木屐已成为其大和文化的重要组成部分。

图 76.2

东晋时，著名诗人谢灵运创制了一种木屐，屐底前后装设活齿，上山去前齿、下山卸后齿，称谢公屐，是理想的登山鞋。《宋代·谢灵运传》中有“灵运常著木履，上山则去前齿，下山则去后齿”的记载。为此，唐朝大诗人李白在《梦游天姥吟留别》中写下了“脚着谢公屐，身登青云梯。半壁见海日，空中闻天鸡”的著名诗句，生动地描绘了诗人登临高耸入云的天姥山，尽情享受“神仙世界”的乐趣。

古今文人留下的诗文中多有雨屐的记载，唐郑谷《闻进士许彬罢举归睦州怅然怀寄》诗：“烟舟撑晚浦，雨屐翦春蔬。”宋王禹偁《赠浚仪朱学士》诗：“雨屐送僧莎迳滑，夜棋留客竹斋寒。”宋方岳《酹江月·送吴丞入幕》词：“茶灶笔牀将雨屐，吟到梅花消息。”明支可大《惠山寻幽》诗：“寻幽不愧惠山灵，雨屐苔花独自行。古洞天开仍旧迹，重街莎合只虚名。听松浑讶潮音落，试茗闲将水味评。却喜昔贤留咏去，磨崖隐隐白虹生。”齐白石在《忆罗山往事》的诗中，对自己当年学治印的经历曾有生动的描述：“石潭旧事等心孩，磨石书堂水亦火。同雨一天掩雨屐，伞扶飞到赤泥(地名)来。”

现代社会，人们使用雨鞋的频率相对于过去已经大大减少了。但是，下雨天时，人们外出有时也需要穿一双防水雨鞋，或者在有水区域工作，也需要换上一双雨鞋。现代的雨鞋一般为橡胶制品，款式有高帮、低帮之分，颜色有黑色、彩色等不同颜色和图案的差异。

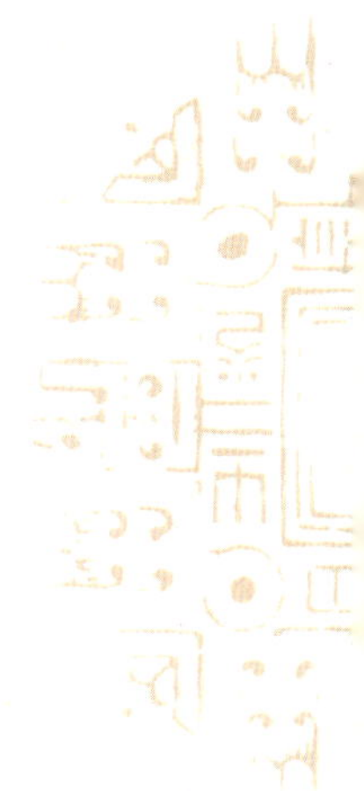

捌 嬉水用具

>>>

人类不仅利用水来满足自身物质生产和生理需要，还通过亲水、娱水来满足自身的精神需要。嬉水用具的大量涌现和使用，反映出人水关系达到了一个新的阶段，人类开始亲近水，追求人和水的和谐相处。

傣族泼水节

一

■ 传说人间的气候本来由一位名叫捧玛乍的天神掌管。他把一年分为旱季、雨季、冷季，为人间规定了农时，让一位名叫捧玛点达拉乍的天神掌管施行。捧玛点达拉乍自以为神通广大，无视天规，为所欲为，乱行风雨，错放冷热，弄得人间雨旱失调，冷热不分，苗木枯死，人畜遭灾……

有位叫帕雅晚的青年，以四块木板做翅膀，飞上天庭找到天王英达提拉，诉说人间的灾难。帕雅晚欲到最高一层天去朝拜天塔——塔金沙时，不慎撞在天门之上，一扇天门倒塌，将他压死在天庭门口。

帕雅晚死后，天王英达提拉开始用计惩处法术高明的捧玛点达拉乍。他变成一位英俊小伙子，佯装去找捧玛点达拉乍的七个女儿谈情。七位美丽的妙龄女郎同时爱上了他。姑娘们从小伙子的嘴里了解到自己的父亲降灾人间之事以后，既惋惜又痛恨。七位善良的姑娘为使人间免除灾难，决心大义灭亲。她们想尽办法探明了父亲的生死秘诀。在捧玛点达拉乍酩酊大醉之时，剪下他的一束头发，制作一张"弓赛宰"(心弦弓)，毅然割下了为非作歹的捧玛点达拉乍的头颅抱在怀中，不时轮换，互用清水泼洒冲洗污秽，洗去遗臭。据说这就是人们在新年期间，相互泼水祝福的来历。

77. 龙舟

龙舟，是制成龙形或刻有龙纹的船只。龙舟竞渡，又称赛龙舟、划龙船、龙船赛会等，是一种源远流长的群众性娱乐活动。比赛是在规定距离内，同时起航，以到达终点先后决定名次。

图 77.1

我国各族人民的龙舟赛略有不同。汉族多在每年端午节举行，船长一般为二三十米，每艘船上约 30 名水手。苗族是在每年 5 月 24 日至 27 日的龙船节举行，船长约 20 米，宽 1 米，由三根直而粗的杉树挖成槽形，捆绑而成，中间是母船，两边为子船，每艘船上有 38 名水手，有一长者任鼓头，一名男扮女装的小孩任鼓手。比赛时，炮声响处，各水手即按锣鼓节拍划桨前进。傣族是每年傣历六七月（清明节后 10 日左右）举行，每船有 60 名水手、4 名舵手和 4 名引道手。比赛时，由一人敲锣指挥，水手按锣声节奏划桨前进。

关于赛龙舟的起因，历来说法不一，大概有以下三种：

一说是为了纪念越王勾践操练水师打败吴国。《事物原始·端阳》记载："越地传云，竞渡之事起于越王勾践，今龙舟是也。"吴越交战，勾践败而被俘，在吴国过了 3 年忍辱含垢的生活，骗得了吴王夫差的信任，被放回越国。回国后，他卧薪尝胆，立志雪耻，于当年五月初五成立水师，开始操练，终于在数年后，一举消灭吴国。后人为了昭彰勾践这种坚韧不拔的精神，便效仿越国水师演练时的情景，于五月五日这一天划船竞渡，以示纪念。

二说是为了纪念伍子胥和曹娥。传说伍子胥因遭谗言诽谤，被吴王夫差命人抛于钱塘江波涛之中，有曹娥驾舟去救。《曹娥碑》文曰："五月五日，

时迎伍君，逆涛而上，为水所淹。”后世遂划龙舟，作救伍员状。

三说是为了纪念楚大夫屈原。这种说法普遍被接受，其文字记载始见于南朝梁人撰写的《续齐谐记》：“楚大夫屈原遭谗不用，是日投汨罗江死，楚人哀之，乃以舟楫拯救。端阳竞渡，乃遗俗也。”

除上述外，各地还有一些不同的说法。在贵州黔东南地区，有说法认为龙舟竞渡是为了纪念舍身杀死毒龙的老人；云南傣族认为是纪念古代英雄岩红窝。还有认为五月是恶月，五月初五是不祥的日子，所以赛龙舟以“迎夏至”、“避恶日”等说法。

造龙船也不只是为了竞渡。如贵州黔东南和湘西一带苗族同胞的龙船节，所做的龙船就不是为了竞赛，而主要是为了乘坐龙船游村串寨，会亲访友。龙船形制精巧美观，龙身由一只母船和两只子船捆扎而成，叫做子母船，皆为独木镂空。龙头约长两米多，用水柳木雕刻，装有一对一米多长的龙角。因龙头着色不同，分为青龙、赤龙、黄龙等。各寨为了保护龙船，还专门建有“龙篷”。

龙船下水前，先由歌师唱吉祥祝福歌，祝愿龙船一路顺风。每条船上都有一位“鼓头”，由全寨推选出德高望重的老人担任，坐于龙颈处击鼓发令，主持船上活动。龙船过寨，鸣放铁炮传告亲友，岸上报以“接龙”鞭炮，亲友遂上前向船上的人敬米酒，并将鸭、鹅、彩绸等礼品挂于“龙头”。龙船靠岸，水手们将糯米饭团和菜肴放在船帮上就餐，不用碗筷。妇女、儿童这时纷纷前来“讨路边饭”，据说吃了龙船上的食品能消灾避难。

图 77.2

78. 水枪

竹水枪，是一种利用竹筒制作而成的童玩。它不像玩竹筒枪那么有危险性，反而是大大地满足了孩子们玩水的乐趣。孩子们你一枪我一枪，虽然喷得彼此湿淋淋的，可是心中却充满了欢乐！

图 78.1

竹水枪的原理和消防用唧筒类似，其制作也非常简单。只要一段单节竹筒，节底穿孔当出水孔。另外，加上一根细长竹棒当作推进器，细竹棒一端绑上棉布或棉花当活塞，另一端接圆木当把手，一个竹水枪就制作完成了。

使用时，首先将竹水枪有节的一端伸进水里，往后抽拉套在里面的细竹棒，就可以将水吸进竹筒里面，然后再用力将细竹棒推进，就可以将水挤压喷射出去。

现代生活中每到炎炎夏日，常见儿童于游泳池内、海滩之上手持塑料水枪互相射击嬉戏的场面，而在有些水景点，亦常见有竹水枪售人。水枪尽管只是一个简单的玩具，却可以让大家玩得不亦乐乎，因为水的游戏总是最令孩子们高兴的。

名为水枪，却不为嬉水而是作为生产、生活用具的水枪还有很多，诸如园林水枪、家用水枪、高压水枪等，这些水枪集喷洒灌溉、冲洗、喷、淋、浇功能于一体，是居家生活美化环境的好助手，在此不作赘述。

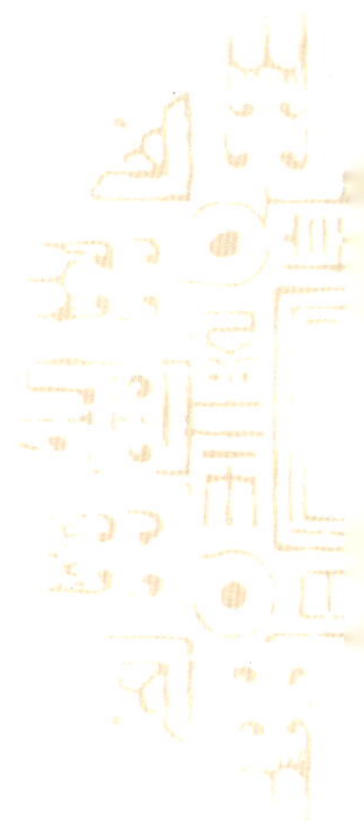

79. 河灯

旧俗于农历七月十五日中元节夜，人们用彩色油纸、蜡纸等物做成荷花形或莲花形河灯，花蕊点蜡，顺流而放，以示追悼祭祀亡人，谓之放河灯。

放河灯是华夏民族传统习俗，它流行于汉、蒙古、达斡尔、彝、白、纳西、苗、侗、布依、壮、土家族地区。各地在三月三、七巧节、中秋节晚上水边常放河灯，用以表达对逝去亲人的悼念，对活着的人们祝福。渔猎时代，人们驾舟出海下湖为免风暴肆虐，在过危礁险滩或风大浪高时，用木板或编竹为小船，彩纸做帆及灯笼，摆放祭品点上蜡烛，放水中任其漂流，向海神祈保平安。这一习俗至今仍在台湾、福建、广东渔民中流行，叫彩船灯。奴隶社会是互相征伐、战争不断的社会，用船载火攻城摧寨，对阵亡将士水葬，船筏置鲜花燃灯已成惯例。

图 79.1

道教、佛教在夏历七月十五举行宗教节日时也放河灯。佛教传说释迦十大弟子之一的目连的母亲坠入饿鬼道中，食物入口化为烈火，目连求救于佛，佛为他念《盂兰盆经》，嘱咐他七月十五作盂兰盆会以祭其母。旧时，中元节为目连救母作盂兰盆会，后来逐渐演变为放河灯，祭祀无主孤魂和意外死亡者。汉晋以后，宗教影响日益扩大。南北朝梁武帝崇拜佛教，倡导办水陆法会，僧人在放生池放河灯。北宋真宗在1016年定佛诞日为放生日，八月十五为中秋节，届时举灯玩月，放河笙歌。宋代道教得到提倡，规定中元节各地燃河灯、济孤魂、放焰口、演目连戏，不少诗人留

下了杭州西湖放灯欢腾的诗篇。此后，放河灯在七月半举行并随道教、佛教传播而流行全国。这一天，人们在家设酒馔、烧纸钱祭祖，到寺庙、道观参与放河灯等法事。

图 79.2

一些地区放河灯不限于七月半，三月三歌节、锅庄节、上巳节、三月节也放河灯。年轻姑娘对这个习俗特别钟爱，往往在节日夜，自制小灯笼写上对未来美好生活的祝愿顺水漂流。有民谣唱到“河灯亮、河灯明，牛郎织女喜盈盈”，说的是夏历七月初七鹊桥会这天，人们怕牛郎看不清暗夜的鹊桥，便在人间河流放灯，让牛郎认路快步与织女相会。在江南，病愈的人及亲属制作河灯投放，表示送走疾病灾祸，“纸船明烛照天烧”，就是对这一习俗的生动描述。江河湖海上来往船只，见到漂来的灯船主动避让，以示吉祥。我们邻国日本及东南亚一些国家，少男少女亦有沿河顺水放灯祈福的习俗。

1951 年为了宣传抗美援朝，庆祝中朝两国人民的伟大胜利，北京市在北海举行大型花灯焰火游园会，湖面上燃放各色河灯几千盏。近年，福建人民利用潮汐顺风，用纸、布、绸、塑料、金属制作河灯，漂浮到金门、马祖，灯壁写有亲人团聚、两岸三通、早日统一、振兴中华等祝词，灯船上还装有慰问信和礼品，使放河灯又有了新的时代气息。放河灯活动中的迷信色彩逐步被淡化，演变成一种观赏性的娱乐活动。

80. 鱼竿

钓鱼,是一种古老的捕鱼方法(图 80.1)。在中国出土的新石器时代文物中,就有骨质的鱼钩。钓鱼还是一种有趣的文化活动和有益于身心健康的体育活动。中国明代医药学家李时珍认为垂钓可消除心脾燥热。现在,也还有人把钓鱼作为医治神经衰弱或某些慢性病的辅助疗法。钓鱼的最主要工具就是鱼竿。

图 80.1

我国古代第一个有名气的钓鱼人不是人们熟知的姜太公,而是帝舜。舜号有虞氏,《孟子·离数篇》说:"舜生于诸冯(今山东诸城),卒于鸣条(河南开封附近),东夷人也。"舜很有才干,被推为部落联盟的大酋长。有一次,雷泽的渔民争着开垦雷泽边上的土地,酿成氏族间的大械斗。舜知道了,就亲自排解。他沿着雷泽巡视,饿了就钓鱼充饥,很快平息了争地械斗。舜出巡时钓鱼是为了获得食物,这与后世的娱乐性垂钓是不相同的。

周穆王姬满是继舜之后第二个有名的钓鱼人。据《穆天子传》记载,周穆王在东征途中,常在水边垂钓。在西征时,有一次出巡到因氏国,他在黄河边上一边钓鱼,一边观看河边参天的古木。周穆王是天下宗王,富甲天下的周穆王在黄河之畔垂钓,已不是为了获得食物,而是消遣娱乐了。

人们熟知的姜太公是第三个有名的钓鱼人。姜太公名尚,字子牙,吕是他的封姓,所以又叫他吕望。姜太公钓鱼,历史上确有其事。《史记·齐太公世家》记载:"吕尚盖常穷困,年老矣,以鱼钓奸周西伯。……於是周西伯

(即周文王)猎,果遇太公于渭之阳。”姜太公钓鱼的轶事,古代诗人、画家曾作过很多诗文和艺术作品来反映。白居易在《渭上偶钓》诗中评论得最中肯:“昔日白头人,亦钓此渭阳。钓人不钓鱼,七十得文王。”姜尚在渭水钓鱼,实际上是在等待时机。自遇到周文王后,他从此放下钓竿,辅佐文王和武帝打败纣王,成为历史上有名的功臣。图 80.2 为当代画家池沙鸿所作的《姜太公钓鱼》图。

图 80.2

高雅古朴的垂钓活动作为我国古老文明的一个小小侧面,伴随着历史延续下来,历数千年而不衰。随着生活环境的安定和生活水平的提高,钓鱼逐渐从生活中分离出来,成为一种格调高雅,有益身心健康的文体活动。中华大地有纵横交错的河流,星罗棋布的湖泊,穿山越谷的溪流,为垂钓者提供了优良的自然钓场和丰富的鱼类资源。古往今来,无数钓鱼爱好者陶醉于这项活动之中,他们怀着对大自然的热爱,对生活的激情,走向河边湖畔,享受生机盎然的野外生活情趣,领略赏心悦目的湖光山色。

钓鱼被列为国际比赛项目是从 20 世纪 50 年代开始的。钓鱼的国际组织是国际钓鱼运动联合会,成立于 1952 年,并制订了竞赛项目和竞赛规则,定期举行世界钓鱼锦标赛。世界上不少国家都设有钓鱼比赛活动。

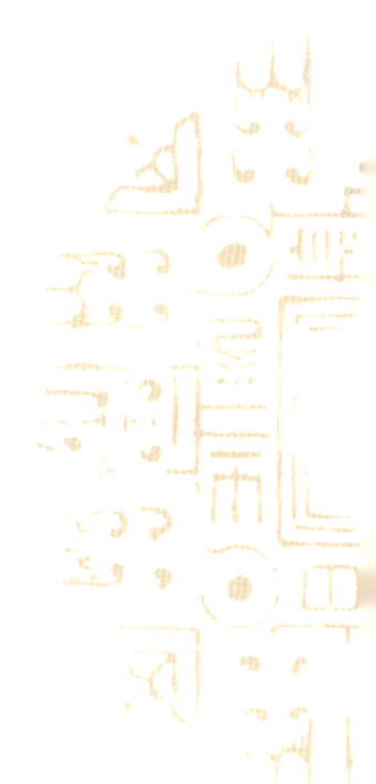

81. 水上步行球

水上步行球，又名水上健身球，是风行欧美的嬉水项目，集游乐、健身、竞技于一体。水上步行可以让人们零距离地领略到水上运动的乐趣，同时，通过在水上步行活动锻炼，能够极大地提高身体的平衡能力、动作协调能力。水上步行活动被认为是最符合身体协调和全身综合运动的具有普及性的比赛活动，经引进改造后成为适合我国大众运动的具有游乐特点的水上综合运动。

图 81.1

水上步行球直径 2～4 米不等，总体积达到 3 立方米以上，用 TPU 材料制作而成。TPU 是环保高分子聚合物，中文名叫热塑性聚氨脂，它克服了

PVC 和 PU 的不耐酸碱、不耐水的缺点，具有较好的综合物理及化学性能，球壁厚度为 0.7 毫米，安全载重量达到 300 公斤左右，耐冲击力为 500 公斤。人进去后使用气泵充气，充满后即可下水游玩，让人体验到人在球中行、球在水上漂的惊喜和快乐。

据测定，成年人每天吸入空气量为 15 立方米，而水上步行球容气量达到 3 立方米以上，因此，球内总气量可以供成年人使用 5 个小时，有充分的安全保障供游乐者在亲近水面尽情运动的同时，感受太空漫步一样的水上步行乐趣。

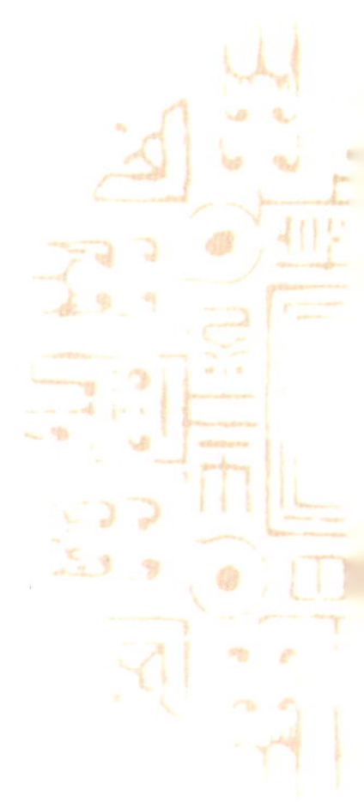

82. 漂流器

漂流是最受现代人欢迎的嬉水活动之一，是指利用橡皮艇或者竹筏，在时而湍急时而平缓的水流中顺流而下的一种户外运动方式。不管是大人还是孩子，都对漂流有着浓厚的兴趣。乘坐漂流器进行漂流，不仅能锻炼人身体的平衡能力，更能让人以一种更为新奇的方式感受不一样的水上活动，体味不一样的嬉水乐趣。漂流也被列入国际性水上运动比赛项目。

漂流，曾是人类一种原始的涉水方式。最初起源于爱斯基摩人的皮船和中国的竹木筏，但那时都是为了满足人们的生活和生存需要。漂流成为一项真正的户外运动，是在二战之后才开始发展起来的，一些喜爱户外活动的人尝试着把退役的充气橡皮艇作为漂流工具，逐渐演变成今天的水上漂流运动。

图 82.1

驾着无动力的小舟，利用船桨掌握好方向，在时而湍急时而平缓的水流中顺流而下，在与大自然抗争中演绎精彩的瞬间，这就是漂流，一项勇敢者的运动。在我国，漂流运动的起步较晚，大多数的水上漂流活动还仅仅停留在小范围的对自然河段的利用上，而真正开发出来的商业性河流资源还比较少。随着人们户外活动项目的不断拓展和技术技能的不断提高，也许在不久的将来，漂流也能作为一项竞技性的运动给人们带来更多的刺激和欢乐。

随着社会的发展，生活水平的提高，回归自然、挑战自然成为现代人们追求的时尚。漂流运动以其特有的运动形式成为现代人融入自然、挑战自然的工具。激流皮划艇、障碍回旋、激流马拉松、漂流、皮艇球等活动项目应运而生。这些项目的出现立即得到了人们特别是追求时尚、热衷户外运动的年轻人的喜爱。

图 82.2

83. 潜水蛙鞋

潜水运动是在水下进行各种竞技活动的体育项目。潜水运动能够锻炼人的体质，增强内部器官和神经系统的功能，促进血液循环和加大肺活量，使身体全面发展；还可以深入海中探索水下世界的奥秘，开阔眼界，增长知识。

潜水的简易装具有脚蹼、面罩、呼吸管等。脚蹼又称蛙鞋，是潜水运动员的推力助动装具。脚蹼的式样繁多，结构不同，规格不一，但一般都用橡胶或塑胶整体模压而成，竞赛脚蹼有加长型双片和单片，一般用橡胶做鞋、用玻璃钢片或塑料片做蹼组合而成。鞋要穿着柔软舒适，蹼片要弹性强、重量轻、经久耐用。使用加长型脚蹼能较大地提高运动速度，但运动员也要付出更多的力量，一般未经系统训练者和少年儿童不宜使用。

潜水活动可以追溯到人类较早的历史时期。2 800 年前美索不达文化全盛时期，阿兹里亚帝国的军队就用羊皮袋充气，由水中攻击敌军。距今 1 700 年前的中国史书《魏志 · 倭人传》中，也有渔夫潜海捕鱼的描写。到了明代，中国南海廉州（今广西合浦）、雷州（今广东海康）等地已盛行“没水采珠”的生产活动（见图 83.1）。当时的潜水者使用了设计较合理的呼吸管潜水，这种方法比赤体潜水有了一定的进步，但深度还受到限制。1943 年法国潜水者Y · 库斯托和雅克制成压缩空气呼吸装具，给潜水运动创造了有利的条件。

图 83.1

由于潜水器材的进步，带动了潜水运动的蓬勃发展，出现了各种不同类别的竞赛活动。上世纪 50 年代末，国际上正式成立了潜水活动组织，经常组织世界性潜水活动。60 年代，世界各国把实用潜水作为竞赛项目，如水中捞物、潜水定向、背脱装具、潜泳等等。到 70 年代，潜水竞赛形式有了新的发展，出现了戴脚蹼的游泳、戴压缩空气呼吸装具的潜泳、屏气潜泳、水中定向、长距离戴脚蹼的游泳和水下狩猎以及水下球类等以速度为主的竞赛项目。到本世纪初，随着潜水组织的兴起以及人们生活方式的改变，潜水运动开始向大众普及，正成为一种新的时尚休闲方式，人类原始的"扎猛子"渐次演变为一种新型嬉水游戏。

图 83.2

84. 水行器

水行器、水上飞行器和水上三轮车，都是现代人嬉戏水上的娱乐工具。

图 84.1

水行器，是可供人们在水面上行走或跑步的运动游乐器械，其独特之处是人站在一个大轮子的里面向前行走(图 84.1)。如果有多个水行器，还可以进行水上跑步比赛、足球比赛和技巧比赛，不仅游戏者本人乐于参与活动，还可以给其他观看者带来快乐。可以想像，家人或者几个好朋友用水行器在静静的湖面上散步或者在蔚蓝色的大海上踏浪，可有多么惬意！

图 84.2

水上飞行器(水鸟)(图 84.2)，是一种始于美国的新型水上娱乐用具。它采用航空铝材和高强度的玻璃钢制造，重量轻，携带方便，使用简单。水鸟无须任何动力，用手握在把手上，只要简单上下跳跃就能高速地在水面上飞行，比现在任何无动力水上运动器具都要快，速度能达到每小时 30 公里。藉由水鸟乘波踏浪，既可以与朋友比赛及寻找更多乐趣，同时也是一种非常有效的健身运动。

图 84.3

水上三轮车(图 84.3),看上去完全是一辆三轮车的外形,只是不在陆地上,而是在碧波荡漾的水面上骑行。水上三轮车有三个又粗又大的轮子,是由中空的硬塑料制成,具有很大的浮力。三个中空的大轮子不但为整个车体和乘客提供了浮力,而且还起到划水和把舵的作用。两个后轮外侧有一条条凸起的筋,凸筋仿佛划船桨,起到划水推进的动力作用。当驾驭者像蹬三轮车似地蹬动脚踏板转动时,一对后轮就开始转动,同时不断地划水前进。前轮可以通过轮轴杠杆的把手转动方向,使前轮像船舵那样,改变前行的方向,让驾驭者可以自由自在地蹬踏航行在广阔的水面上。和水上三轮车类似的嬉水用具,还有水上自行车、水上独轮车、水上双轮车等。

85. 皮划艇

图 85.1

皮划艇是皮艇和划艇的总称，皮划艇比赛与中国的"划龙舟"比赛十分相似。运动员必须在指定的航道内完成赛程，以艇首到达终点的先后顺序决定名次。皮艇有舵，比赛时运动员坐在艇内，面向前方，手持两头带桨叶的桨在艇的两侧轮流划动，依靠脚操纵舵控制航向。划艇两头尖，艇身短，无桨架，无舵。划桨时前腿成弓步站立，后腿半跪，手持一头带有铲状桨叶的桨在固定的舷侧划水，并控制方向。

皮艇起源于北美洲格陵兰岛上爱斯基摩人用动物皮包在木架子上制作的兽皮船。划艇起源于加拿大，北阿拉斯加以渔猎为生的印第安人将树干掏空，坐在里面用木棍划行，故又称独木舟。实际上，这两种艇都是由独木舟演变而来的，因此皮划艇运动也被称为现代的独木舟运动。

现代皮划艇运动产生于1865年，苏格兰人麦克格雷戈以独木舟为蓝图，制造出第一只皮划艇"诺布·诺依"号。1867年他创建了英国皇家皮划艇俱乐部，并举办了第一次皮划艇比赛。到19世纪末，皮划艇运动已成为欧美各国广泛开展的一项体育活动。1924年1月由丹麦、瑞典、法国和奥地利发起，在丹麦首都哥本哈根成立了"国际划艇联合会"。同年，第8届奥运会期间还举行了划艇表演赛。1936年第11届奥运会，皮划艇开始被列为奥运会正式比赛项目，共进行了9项比赛。此后，皮划艇的比赛项目不断变化，现在在奥运会共设有12个项目。皮划艇运动有静水项目和激流项目之分，在天然或人工湖面进行的比赛称静水项目，在水流湍急的河道进行的比赛称激

流项目。

现代皮划艇运动于1930年前后传入中国。英国人首先在上海设立了“划船总会”，后来俄国人又在东北设立了“水上俱乐部”，那时的皮划艇运动是专供外国人娱乐的。新中国建立后，国家十分重视发展这项运动。1952年底，中国首次制造出自己的皮划艇。1954年在北京市水上运动会上，设立了男子1 000米和女子500米皮艇比赛项目。1974年中国加入国际划联。1975年皮划艇被列为第3届全国运动会正式比赛项目，同年中国开始参加世界锦标赛。从此，皮划艇运动进入蓬勃发展阶段。近年来，中国大力引进国外先进技术和训练方法，使中国运动员的成绩得以迅速提高，部分项目已步入世界先进行列。皮划艇运动在人员、规模和普及程度上都取得了前所未有的发展。

图 85.2

86. 摩托艇

摩托艇运动，是驾驶以汽油机、柴油机或涡轮喷气发动机等为动力的机动艇在水上竞速的一种体育活动。

图 86.1

摩托艇起源于 19 世纪末，1903 年美国 20 多个动力艇俱乐部联合建立统一组织"美国动力艇协会"。1922 年在比利时的布鲁塞尔成立了国际摩托艇联盟。1924 年舷外发动机出现后，有力地推动了这一运动的发展。1980 年登记的最小舷外竞速艇（OJ 级）速度记录已达到每小时 111.72 公里。1978 年澳大利亚人 K・沃比驾驶无限制的喷气式艇创造了每小时 511.11 公里的速度记录。1980 年美国人 L・泰勒设计制造的一艘以火箭为动力的

快艇，达到了每小时 563 公里的速度记录。

我国于 1956 年 7 月开展摩托艇运动，1958 年在武汉举行了首次全国性比赛，并于 1981 年正式加入了国际摩托艇联盟。

图 86.2

87·冲浪板

图 87.1

冲浪运动，是由运动员站立在冲浪板上，或利用腹板、跪板、充气的橡皮垫、划艇、皮艇等驾驭海浪的一项水上运动。不论采用哪种器材，运动员都要有很高的技巧和平衡能力，同时要善于在风浪中长距离游泳。

早在 1778 年，英国探险家 J·库克船长在夏威夷群岛就曾见过当地居民有这种运动。1908 年后冲浪运动传到欧美一些国家，1960 年后传到亚洲。近一二十年冲浪运动有较大发展，北美洲、秘鲁、夏威夷、南非和澳大利亚东部海滨都曾举行过大型的冲浪运动比赛。冲浪运动以浪为动力，要在有风浪的海滨进行。海浪的高度要在 1 米左右，最低不少于 30 厘米。夏威夷群岛常年有适合于冲浪运动的海浪，特别是在冬天或春天都有从北太平洋涌来的海浪，浪高达 4 米，可以使运动员滑行 800 米以上。因此夏威夷群岛一直是世界冲浪运动中心。

最初使用的冲浪板长 5 米左右，重 50～60 公斤。第二次世界大战后，出现了泡沫塑料板，板的形状也有改进。现在用的冲浪板长 1.5～2.7 米，宽约 60 厘米，厚 7～10 厘米，板轻而平，前后两端稍窄小，后下方有一起稳定作用

的尾鳍。为了增加摩擦力，在板面上还涂有一种蜡质的外膜。全部冲浪板的重量只有 11～26 公斤。

图 87.2

冲浪运动是运动员先俯卧或跪在冲浪板上，用手划到有适宜海浪的地方作起点。当海浪推动冲浪板滑动时，运动员使冲浪板保持在浪峰的冲浪运动曾创造了许多令人难以置信的奇迹，常使人惊讶不已。1986 年初，两名法国运动员庇隆和皮夏凡，脚踩冲浪板，从非洲西部的塞内加尔出发，横渡大西洋，二月下旬到达中美洲的法属德罗普岛，历时 24 天 12 小时。冲浪运动是相当惊险的一项运动，脚踏冲浪板出没在惊涛骇浪之中，即使熟悉水性、有高超技巧的人，也难免会发生危险。因此，随着冲浪运动的发展，冲浪救生活动也在不断发展。

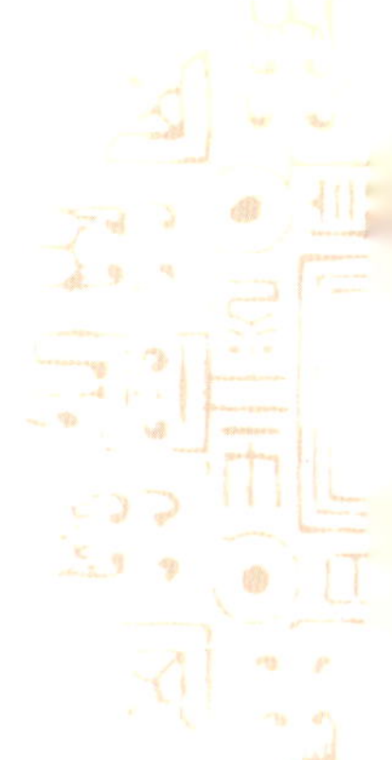

88. 溜冰鞋

我国最早的冰刀是用牲畜的胫骨制作的，多采用马骨。随着生产力水平的提高相继出现了木制的冰鞋和镶铁木制冰鞋，到了清代后期我国的冰刀已用上铁制的了。我国古代滑冰技艺最初仅是一些冰上杂耍，到了清代，滑冰运动有了速滑和花样之分。清代的冰上运动大致有速度滑冰、花样滑冰、冰上足球、冰上抛球、冰上射天球、打雪挞及冰上摔跤等。

滑冰是我国古代体育的组成部分。据《隋书》记载，当时北方的室韦族人在积雪的地方狩猎时“骑木而行”。元代人对“骑木”的解释即是滑雪、滑冰，当时人们还把它用在交通运输方面。至清代，滑冰运动有了很大的发展，乾隆帝在《冰嬉赋序》里曾说我国有悠久历史的、也是满族人民喜爱的滑冰运动是“国俗”。现在的跑冰鞋是从满族最初用兽骨缚于脚下，滑冰行军演变而来。滑冰鞋在 19 世纪中叶以前，是满族八旗兵必须操练的一项军事技术项目。满族入关以后，每年的农历十月都要在北京的北海冰面上检阅八旗弟子的滑冰技术，作为训练部队的制度之一。根据《清朝文献通考》的记载和乾隆时代宫廷画师的作品，参加这种检阅的人数达 1 600 人，八旗兵的建制是每旗 200 人，就是说参加检阅的官兵，是八旗兵的整旗建制。这样盛大的滑冰大会，在当时是举世无双的。图 88.1 为古代《冰嬉图》局部，图 88.2、88.3 为当代溜冰运动员比赛图片。

图 88.1

图 88.2

图 88.3

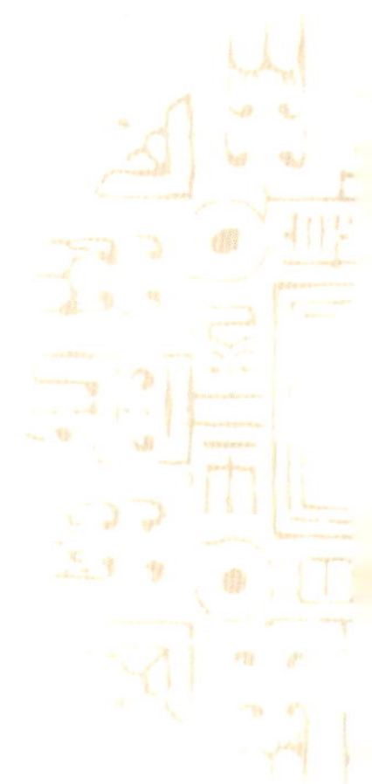

89. 冰陀螺

冰陀螺，也称作冰猴、冰嘎，是用木刻或用铁车削而成，平顶、下尖，整体呈锥状。玩时可用小鞭抽打，使冰陀螺在冰面上长时间地直立旋转不停。此项目较受儿童喜爱。

人们喜爱冰雪，把它作为一种圣洁象征——冰清玉洁。据文献记载，清人把浑河的浮冰，列为祭奠祖先的供品之一。每年小寒这一天，官府要到浑河凿冰窖藏，以供礼部火祭之用。而浑河又是宫廷冰上运动的天然大冰场。

图 89.1

沈城（沈阳）人对冰雪向来有着深厚情感。清代沈城妇女中流行着“轱辘冰”的习俗，就是这种情感的流露。每当正月十六晚上，妇女们三五成群，手执灯笼，嬉笑着来到旷野，横卧于冰雪之上，左右翻转滚动，口里不住地诵唱道：“轱辘冰轱辘冰，腰不痛腿不疼。”“轱辘轱辘冰，身上轻一轻。”接着在冰上戏闹取乐，俗称为“脱晦气”。直到民国年间，在沈阳《盛京时报》上仍有这种岁时新闻报道。

在沈城，自古盛行“冰戏”、“冰嬉”、“跑冰鞋”、“冰上足球”等等丰富多彩的冰上运动。常见的有打冰嘎（即“打陀螺”），冬季人们常常可以看到一群孩子，手执缨鞭，拍打着圆形木“冰嘎”，在冰上飞快旋转，有时发出嗡嗡响声。图 89.1 为清代打陀螺图。滑冰车，是用二尺左右的长方形木板，在板下装上嵌铁条的横木做成。人站在冰车上，双手紧握冰扦子，向前支撑滑奔。溜冰，左脚踏着一块小木板，板下嵌有铁条，右脚下缚上铁制脚蹬，不住地划蹬，推动左脚下的滑板向前飞奔，势如飞燕。

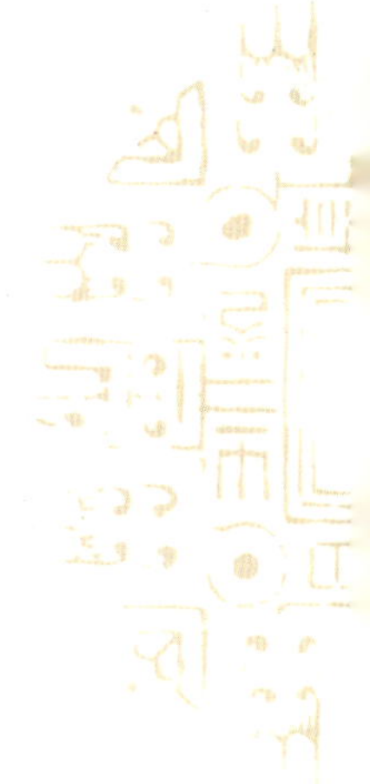

90. 雪橇

雪橇、雪鞋、滑雪板、雪地摩托车等均为雪原上的交通、运行和行走用具，今天也都陆续成为人们运动和嬉戏的活动项目。

图 90.1

雪橇（图 90.1）与生活在冰天雪地里的人们关系密切，我国人数最少的民族赫哲人就与雪橇有不解之缘。赫哲族是和乌苏里江关系十分密切的民族，伴着《乌苏里船歌》的优美旋律，赫哲人的生活被唱遍了全世界。赫哲族的民族历史、民族语言、宗教礼仪、歌曲舞蹈、衣着服饰、民风民俗都具有北方内陆渔猎民族生产生活特色，换句话说赫哲族是具有浑厚水文化传统的民族。狗拉雪橇是赫哲人主要的交通工具。经过训练的狗，每只可拉重 70 公斤左右，日行 100 至 150 公里。狗是赫哲人的好帮手，它们在运输、狩猎、看家、保护主人等方面发挥着重要作用，故历史上赫哲人又被称为“使犬部”。时代发展至今天，赫哲族人传统的生产、生活方式也在发生着变化，在街津口乡，赫哲人住进了宽敞的新居，种地、发展旅游事业，过上幸福生活的赫哲人正和其他兄弟民族一样向着小康迈进。

图 90.2

而对于极地爱斯基摩人来说，如果没有狗拉雪橇，人是无法生存的。他们不可能靠步行穿越茫茫的冰原去打猎。而利用狗拉雪橇在冰上每小时可行 32 公里，在催得紧的情况下，狗队可以不停地奔跑 18 个小时。爱斯基摩狗是若干种血统混杂的亚洲型狗的混种，很可能还有一些北极地区狼的血统。图 90.2 为爱斯基摩人乘坐狗拉雪橇的情景。

雪橇除了用狗拉外，我国北方也有用马拉雪

橇的，而生活在芬兰北部的少数民族萨米人千百年来依靠放牧驯鹿在北极生存，并且严格恪守着祖先的传统，他们以驯鹿拉雪橇运载货物著称于世。今天，驯鹿雪橇已经成为颇受欢迎的旅游项目。在没有发明雪地摩托之前，驯鹿便是极地上十分重要的交通工具。

古代人把雪橇当做运输工具，而今天的人们已经将雪橇发展成为一项冰上运动项目。19 世纪 80 年代，在北欧山区人们利用自然雪场开展过雪橇比赛，后来发展成为在人工冰道上的竞赛。如今每年二月，阿拉斯加都举办一年一度的狗拉雪橇大赛，据说早在 1925 年由于一支狗拉的雪橇队途径 1 000多公里运送血浆，才遏止了当地白喉病的暴发。阿拉斯加狗拉雪橇大赛，正是为了纪念这一伟大的事件，这项赛事已经成为当地最负盛名的体育比赛之一。

雪地摩托车(图 90.3)，可以看作是动力雪橇，是目前雪地上速度最快的交通工具，它比常见的摩托更容易学习和掌握。因为雪地摩托的速度快，故而在同样的时间之内，雪地摩托的行程覆盖范围要大得多。比如可以到达遥远的异国边境，或者深入到北极海域的荒原等等。当然还可以穿越河谷森林，去寻找那更为难得一见的奇妙风景，以更多地领略那梦幻似的冰雪世界。

图 90.3

一般说来，雪地摩托的速度可以发挥到与普通小汽车相当，所以行驶速度也要有所监控，在旷野里的最高时速限制为 80 公里，在森林道路上是 60 公里，而且需要持有有效的驾驶执照。但是如果参加有合格指导员带领的雪地摩托旅游团，则无需有此驾照。

图 90.4

人们要想在雪地上快速行进的话，除了乘坐雪橇、雪地摩托车之外，还可以使用滑雪板(图 90.4)。滑雪在我国的历史也很悠久，唐代李延寿在《北史》书中写

道："气候严寒，雪深没马，地高积雪，骑木而行"，意思是说为了防止行走时脚陷入雪中，人们在脚下踩着木板走路。《新唐书》、《山海经》中也有我国东北和西北等地区的少数民族借助雪上滑行从事狩猎和生产劳动的记载。20世纪 30 年代初期，近代滑雪运动在中国初步开展。1954 年开始，中国东北地区曾几次举办规模较大的地区性滑雪比赛。

世界滑雪运动历史悠久，早在 5 000 年前北欧、西伯利亚等地已有人滑雪。15—17 世纪，芬兰、挪威、波兰、瑞典和俄国军队在战争中都曾利用过滑雪。18—19 世纪，挪威出版了世界上第一部滑雪专著《滑雪运动指南》，并举办了跳台滑雪比赛。19 世纪初期出现的新式雪板固定器和新技术，使中欧的高山滑雪和北欧的越野滑雪、跳台滑雪运动取得了较大发展。19 世纪末，挪威创立了滑雪学校，成立了挪威滑雪联合会，以霍尔门科伦为中心进一步发展了北欧的滑雪技术。1924 年 1 月，在法国举行了第一届冬季奥林匹克运动会，会上进行了北欧项目的比赛，并成立了国际滑雪联合会。1936 年第四届冬季奥林匹克运动会增加了高山滑雪项目。除冬季奥林匹克运动会外，还有世界滑雪锦标赛、世界杯滑雪比赛等。

雪橇、雪地摩托车、滑雪板等都是人们在雪地上快速行进的用具，而雪鞋（图 90.5）则是专为人们在雪地上徒步行走而制作的鞋子。雪鞋的形状有点儿像放大了的网球拍，穿上它，可以方便地在松软的雪地上行走。假如你到芬兰去旅游，可以尝试一下穿着雪鞋去丈量芬兰的雪原。

图 90.5

玖 水动用具

本章主要是对前面八篇中尚未包含的部分重要水用工具加以补充，包括利用水动力进行农业生产的水碓、水磨，利用水流动性进行计时的刻漏等。

大碾坊之战

段誉游目四顾，见东北方有一座大碾坊，小溪的溪水推动木轮，正在碾米，便道："那边可以避雨。"纵马来到碾坊，扶王语嫣下马，走进碾坊。两人跨进门去，只见舂米的石杵提上落下，不断打着石臼中的米谷，却不见有人。王语嫣忙到上面的阁楼更换了衣衫。忽听得马蹄声音，十余骑向着碾坊急奔而来。

追寻到碾坊来的，有西夏武士，也有汉人。他们见段誉的武功一会儿似乎高强无比，一会儿又似乎幼稚可笑，当真说得上"深不可测"，也不敢轻举妄动，聚在一起，搬拢碾坊中的稻草，便欲纵火。王语嫣惊道："不好了，他们要放火！"段誉顿足道："那怎么办？"眼见碾坊的大水轮被溪水推动，不停地转将上来，又转将下去，他心中也如水轮之转。

情势之下，段誉说道："我去攻他个措手不及。"跨步踏上了水轮。水轮甚巨，径逾两丈，比碾坊的屋顶还高。段誉双手抓住轮上叶子板，随着轮子转动，悄悄从阁楼上转了下来，伸指便往一名汉人的背心点去。那人左手箕张，向他顶门抓来。段誉身子急缩，双手乱抓，恰巧攀住水轮，便被轮子带了上去。那人一抓落空，噗的一声，木屑纷飞，在水轮叶子板上抓了个大缺口。

王语嫣道："你只须绕到他背后，攻他背心第七椎节之下的'至阳穴'，他便要糟。这人是晋南虎爪门的弟子，功夫练不到至阳穴。"

段誉在半空中叫道："那好极了！"攀着木轮，又降到了碾坊大堂。一名西夏武士拦住了他的退路，举刀劈来。段誉叫到："啊哟，糟糕！鞑子兵断我后路。十面埋伏，兵困垓下，大事糟矣！"向左斜跨，那一刀便砍了个空。碾坊中人登时将他们团团围住，刀剑齐施。

段誉前一脚，后一步，在水轮和杵臼旁乱转。忽听得喀的一声响，有人将木梯搁到了楼头，一名西夏武士想登上楼去，先将王语嫣擒住了再说。

段誉吃了一惊，大步上前，一把抓到他后腰"志室穴"，也不知如何处置才好，随手一掷，正好将他投入了碾米的石臼之中。一个两百来斤的石杵被水轮带动，一直在不停舂击，一杵一杵地舂入石臼，石臼中的谷早已成极细米粉。但无人照管，石杵仍如常下击。那西夏武士身入石臼，石杵舂将下来，砰的一声，打得他脑浆迸裂，血溅米粉。

这时又有三名西夏武士争先上梯。王语嫣叫道："一般办理！"段誉伸手又抓住了一人的"志室穴"，使劲一掷，又将他抛入了石臼。这一次有意抛掷，用劲反不如上次恰到好处，石杵落下时打在那人腰间，惨呼之声动人心魄，一时却不能便死。石杵舂一下，那人惨呼一声。

那汉人好手灵机一动，抢到石臼旁，抓起两把已碾得极细的米粉，向段誉面门掷去。段誉步法巧妙，这两下自是掷他不中。那汉人两把掷出，跟着又是两把，再是两把，大堂中米粉糠屑，四散飞舞，顷刻间如烟似雾。

那汉人笑声不绝，抢上一步，欲待伸剑再刺，突然砰的一声，水轮叶子击在他的后脑，将他打晕了过去。那汉人虽然昏晕，呼吸未绝，仍哈哈哈笑个不停，但有气无力，笑声十分诡异。水轮缓缓转去，第二片叶子砰的一下，又在他胸口撞了一下，他笑声轻了几分，撞到七八下时，"哈哈、哈哈"之声，已如是梦中打鼾一般。

段誉又惊又喜，放下那西夏人的尸身，叫道："王姑娘，王姑娘，敌人都被打死了！"

自经碾坊中这一役，王语嫣和段誉死里逃生，共历患难，只觉他性子平易近人，在他面前什么话都可以说。

（选编自金庸《天龙八部》第二卷）

91. 唧筒

唧筒，是古代用于救火的扬水器，英文叫泵浦，现代语称为水泵。唧筒还有很多名称，如激桶、水铳、汲桶、机桶、水柜、水龙、吐水龙、太平龙、人力龙、洋龙等。

唧筒是一种简易的往复式活塞泵，早在古希腊就出现过利用该原理制作的简易提水工具。在生产和生活中，我国古代也有应用唧筒的实例。作为战争中一种守城必备的灭火器，宋代曾公亮、丁度等奉敕修撰的《武经总要》卷十二《守城》中就介绍了唧筒，并附有唧筒构造图。明代俞贞木的《种树书》中也讲到用唧筒激水来浇灌树苗的方法。

早期的唧筒是用竹子制造的，在大竹筒内安装小竹筒，小竹筒端头有活塞装置，顶端再用更细的竹筒做进水口，同时也是喷水口。当活塞位于进水口时，向后抽拉小竹筒，水即被抽入大竹筒内，然后用力推动小竹筒，让已在大竹筒后端的活塞挤压筒内的水，使其从喷水口喷出，达到灭火的目的。后来，喜欢机械的人对宋代的这种竹子做成的唧筒进行了改进，附加了支架、横梁等构件，成为一种简单的机械装置。其工作性能有所提高，喷出的水量也大大增加。灭火时，唧筒的水射出，如一条白色的水龙，因此这种灭火器具也叫“水龙”，由于仍然是以人力作为动力，所以也叫“人力龙”。用铜质材料制造激桶始于清代。图 91.1 为民间收藏的激桶。

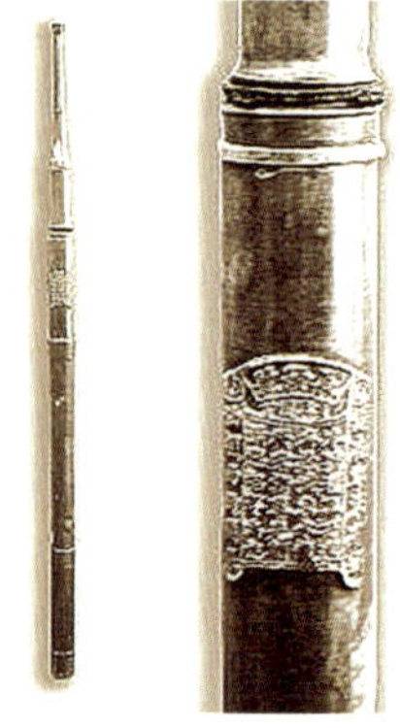

图 91.1

1889 年 11 月 1 日，清政府于故宫武英殿设立专门的宫廷消防队，并用灭火器的名称将其命名为激桶处，以苏拉 200 名为激桶兵。之所以要在武英殿南设立激桶处，是因为武英殿在清代为宫廷的修书之所，建筑群占地面积 1.2 万平方米，殿不算大，但名气不小。清廷入关后，摄政王多尔衮在这里处理政务；清康熙十九年(1680 年)，这里

图 91.2

成为清宫修书之所，成为皇室文化事业的核心。在这里修书、编书、校书的最多时有上千人，所以在这里建消防队很有必要。据《大清会典》记载，紫禁城内曾把 308 口当时被称作"门海"的大缸安置在宫殿前面，专门用于消防，这是和激桶配套使用的。

唧筒进一步发展、演变，就变成了水枪。作为唧筒的"改良体"，水枪在清代、民国时期曾发挥了重要作用。图 91.2 所示水枪是武当山特区消防大队干警，2005 年在武当山紫霄宫进行消防安全检查时意外发现的。该水枪外表呈深红色，高约 1.3 米，由吸水管、储水管、出水管组成，在吸水管和出水管的连接处，装有一个轴，出水管可在 90 度范围内灵活运转，不使用时，可将出水管旋转紧贴吸水管放置，既方便携带又不占用位置。水枪表面所刻文字表明，这是一把古代用的消防水枪，做工精致，除木制吸水管上的铁钉生锈外，其他部分保存完好。武当山文物局专家根据水枪表面的文字和武当山紫霄宫建造时间（建于明代永乐年间，1403—1424 年），初步推算这支水枪可能是明末清初所制。

图 91.3

图 91.3 为江西泰和县城一叶姓居民保存的消防水枪。该水枪制造年代不详，为铜质，有 1 米多长，状如一杆步枪，顶部有一个圆形喷嘴，尾端有数个进水的小孔，遇火灾时只需把尾端放进盛水容器里，用手抓住喷嘴上下抽动即可，整个操作过程只需一人就能完成。这杆消防水枪至今保存完好，射出的水柱仍可以达到 6 米以上。

现代消防水枪的设计，都与帆布制作的水龙相连，接驳现代消防车或者消防栓，构成一个可远距离取水的复杂系统，射出的水龙可达数十米远，远非古代水枪能比。现代消防水枪有直流水幕水枪、插管式水枪、开关直流水枪、干粉枪、可调式多功能水枪等多种类型。

92. 水龙

水龙，水泵类的灭火器具，可以说是古代消防车，清顺治以后出现。水龙的使用原理跟我们在汲水用具中提到的压水井比较相似。救火时，在水龙的把柄上各插一根龙杆，上下来回压动，装在桶里的水就被压着通过软水管喷射到着火点上灭火。

图 92.1

我国古代十分重视消防，唐代开始用皮袋、溅筒灭火器灭火。北宋仁宗时，便有了水袋、水囊、唧筒、麻搭。清代顺治以后，出现了“水龙”。图 92.1 为一种清代水龙。这种水龙需要 8 个人一起用力，参加救火的其他人就用水篓、木桶、面盆等提水工具从水源处取水倒入这个水箱内，给水龙不断补充水源来救火，场面非常壮观。它与天上会喷水的龙有点相像，于是被叫作“水龙”。清代诗人吴东发在观看了该水龙表演后写了一首诗，其中有“数人并力运枢机，呼吸纵送左复右”的描述，客观上写出了操作水龙时的场面。

其他装备如苏东坡先后在杭州任通判和太守时，建立了官府消防队（时称“潜火队”），配置棚索、斧、锯、旗号、火笼、火背心等消防器材装备。明代，杭城由官府设防火铺，配置有水桶、云梯、火钩等救火器具，最早的消防器械是藤斗水枪。至清光绪前，杭州官办和民间、善堂兼办的消防，主要的灭火器是水龙。至此，其消防器材装备发展到用人力扛拉的木制抬龙，以及水桶、吊桶、铜锣、行号、火把和油灯、大纛旗和各小旗、梯子、警铃、挠钩、刀锯、斧凿、杠索、灯笼、号衣、号帽、防火背心等简单的消防装备。光绪十三年（1887 年）闰四月初七日，杭州织造衙署呈准朝廷，购置洋车式水龙一架。这

种水龙简称洋龙，即腕力龙，装有轮盘推动，仍用人工腕力出水，后发展至马达发动出水，称机龙（图92.2）。十九年（1893年），杭州府署购置水龙两架、洋龙一架，雇水夫20余名，云梯、杠索、长钩、短斧、大纛旗、各小旗、灯笼等一应俱全。二十二年（1896年），省抚院藩司署配置洋龙一架。

图 92.2

早年间，房屋多是砖木结构，极易着火，民间组织了义务消防组织“水龙会”，以期及时救火，保一方平安。清道光年间，江苏省东台地区（时名为东亭）范公堤以东开辟了不少盐场，当时装盐均用蒲包，用量较大，时堰镇一带的家家户户均以手工编织蒲包为家庭副业，存在着大量的火灾隐患。鉴于此情，冯道立（清代著名水利学家）发起倡议，向各地来时堰收购蒲包的商人劝募资助，建起了水龙会所8间，购置了水龙及救火器具，并命名为“务本堂水龙会所”。“务本堂水龙会所”建立了专职和兼职管理相结合的组织，当火灾发生时，鸣锣示警，人们迅速将水龙抬至现场。6至8人分列水龙两边一上一下加压，速度越快，水压越大，水喷射得越远越高。其余人员自带水桶、面盆、铜盆等装水用具，到河边打水注入水龙中，人多时救火现场分成两列，主要劳力负责运水注入水龙中，另一列将空水桶迅速传递到河边装水，循环往复，有条不紊。当时曾流传一首歌谣：“水龙局、防火烛，水火平安都享福，蒲堆草房不用愁，再不听见有人哭。”“务本堂水龙会所”是江苏省目前遗存的唯一清代民间消防设施，已被列入省级文物保护单位。

93. 水碓

水碓，古时人们利用水力带动的舂米设备。水碓的构造大概是水轮的横轴穿着四根短横木(和轴成直角)，旁边的架上装着四根舂谷物的碓梢，横轴上的短横木转动时，碰到碓梢的末端，把它压下，另一头就翘起来，短横木转了过去，翘起的一头就落下来。四根短横木连续不断地打着相应的碓梢，一起一落地舂米。

水碓的动力机械是一个大的立式水轮，轮上装有若干板叶，转轴上装有一些彼此错开的拨板，拨板是用来拨动碓杆的。每个碓用柱子架起一根木杆，杆的一端装一块圆锥形石头。下面的石臼里放上准备加工的稻谷。流水冲击水轮使它转动，轴上的拨板臼拨动碓杆的梢，使碓头一起一落地进行舂米。利用水碓，可以日夜加工粮食。凡在溪流江河的岸边都可以设置水碓，还可根据水势大小设置多个水碓，设置两个以上的叫做连机碓，最常用的是设置四个碓。图 93.1 为水碓。

图 93.1

最早提到水碓的是西汉桓谭的著作。《太平御览》引桓谭《新论·离车第十一》说："伏义之制杵臼之利，万民以济。及后世加巧，延力借身重以践碓，而利十倍；又复设机用驴骡、牛马及投水而舂，其利百倍。"这里讲的"投水而舂"，就是水碓。魏末晋初(公元 260 至 270 年)杜预总结了我国劳动人民利用水排原理加工粮食的经验，发明了连机碓。《农政全书·水利》载有："杜预作连机碓。"《晋书》曰："今人造作水轮，轮轴长可数尺，列贯横木，相交如滚抢之制。水激轮转，则轴间横木，间打所

图 93.2

排碓梢，一起一落舂之，即连机碓也。”《三国志·魏志·张既传》有“使治屋宅，作水碓”的记载，岑参在《晚过盘石寺》诗中也有这样一句：“岸花藏水碓，溪水映风炉。”由此可见水碓的历史之悠久。图 93.2 为连机碓。

水碓西汉时已有，魏晋已很普遍。除加工粮食外，还广泛用于捶纸浆、碎矿石等多种用途。西晋权贵王戎、石崇各有水碓三四十座。还有一种称作懒碓（或槽碓）的装置，碓梢为一能容水二三十斤的碗形容器。引水注入碗内，注满时即将碓头压起，碗中水也同时泄空，碓头即随之落下，成为一舂，如此循环往复。《天工开物·粹精》中还介绍了一种《王祯农书》没有讲过的船碓，其中说：“江南信郡水碓之法巧绝。盖水碓所愁者，埋臼之地卑，洪潦为患，高则承流不及。”信郡造了一种船碓，以“一舟为地，撅桩维之，筑土舟中，陷臼于其上，中流微堰石梁，而碓已造成，不烦琢木壅波之力也”。由于在陆地上设置的碓臼，常常会因水涝而淹没，碓臼置于船上，水涨船高自然就解决了被淹没的问题。

94. 水排

水排是我国古代一种冶铁用的水力鼓风装置，在公元31年由杜诗创制，其原动力为水力，通过曲柄连杆机械将回转运动转变为连杆的往复运动。铸铁时需要鼓风设备向炉里压送空气，提高温度，人类早期的鼓风器大都是皮囊，我国古代又叫"橐"。一座炉子用好几个橐，放在一起，排成一排，就叫"排囊"或"排橐"。最初是用人力鼓动这种排橐，叫人排，继而用畜力鼓动，因多用马，所以也叫马排。直到杜诗改用水力鼓动，称水排。水排是机械工程史上的一大发明，约早于欧洲1 000多年。图94.1为元代王祯《农书》所绘的水排。

关于水排的记载，最早见于《东观汉记》、《后汉书》等文献。《后汉书·杜诗传》称："（建武）七年，遇南阳太守，善于计略。省爱民役，造作水排，铸为农器，用力少，见功多，百姓便之。"唐李贤注："冶铁者为排以吹炭，今激水以鼓之也。"这是关于杜诗在东汉初年（公元31年）到南阳做太守时制造水排之事的记载。杜诗创制的水排，具体的结构当时缺乏记载，直到元朝王祯在他著的《王祯农书》中，才对水排作了详细的介绍。根据王祯的介绍，水排的结构是：选择湍急河流的岸边，架起木架，在木架上直立一个转轴，上下两端各安装一个大型卧轮，在下卧轮（水轮）的轮轴四周装有叶板，承受水流，是把水力转变为机械转动的装置；在上卧轮的前面装一鼓形的小轮（旋鼓），与上卧轮用"弦

图 94.1

索”相联(相当于现在的传送皮带);在鼓形小轮的顶端安装一个曲柄,曲柄上再安装一个可以摆动的连杆,连杆的另一端与卧轴上的一个“攀耳”相联,卧轴上的另一个攀耳和盘扇间安装一根“直木”(相当于往复杆)。这样,当水流冲击下卧轮时,就带动上卧轮旋转。由于上卧轮和鼓形小轮之间有弦索相连,因此上卧轮旋转一周,可使鼓形小轮旋转几周,鼓形小轮的旋转又带动顶端的曲柄旋转,这就使得和它相连的连杆运动,连杆又通过攀耳和卧轴带动直木往复运动,使排扇一启一闭,进行鼓风。

水排的创制,是我国机械制造史上一件具有重大意义的发明,表明我国古代劳动人民在寻求用机械代替手工工具、从笨重的体力劳动中解放出来的道路上向前迈出了一大步。水排的出现,不仅在冶金技术上由于加强了鼓风能力,为进一步改进冶铁炉创造了条件,而且对于后来的机械设计制造具有深远的影响。此后不久,东汉大科学家张衡创制了用水力转动的天文仪器——水运浑象;三国时期的马钧在前人的基础上创造了翻车,并且巧妙地制成了“水转百戏”;晋朝的杜预(公元 222—284 年)发明了以水力作动力的粮食加工机械——连机碓和水转连磨,这比欧洲的水磨要早出现1 200年。到元朝又出现了水转翻车和水转大纺车。这些水力机械的发明和水排的创制是有密切的联系的。

和水排结构类似的是加工面粉的“水击面罗”(图94.2),古人称水击面罗“筛面甚速,倍于人力”,反映了我国古代劳动人民的智慧和在生产斗争中所取得的伟大成就。

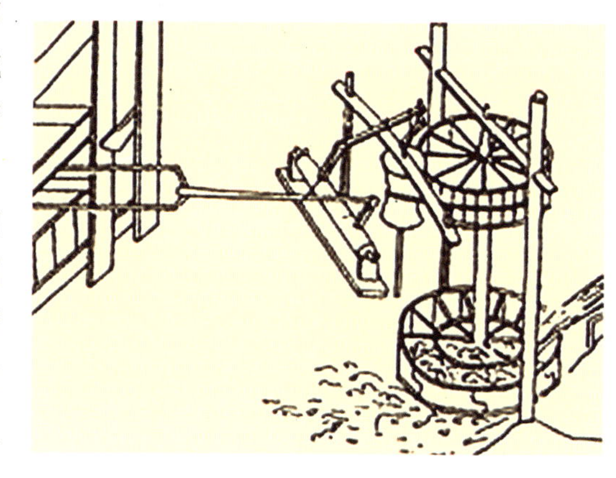

图 94.2

95. 水磨

水磨，利用水力带动的磨，多用以磨面粉，又称水磑、水碾（图 95.1）。水磨的工作原理和水碓相似。水磨的装置方法有两种：一种是由水冲动一个卧轮，在卧轮的主轴上装上磨；另一种是由水冲动一个主轮，在主轮的横轴上装上一个齿轮，和磨的主轴下部平装的一个齿轮相衔接，使磨间接转动。

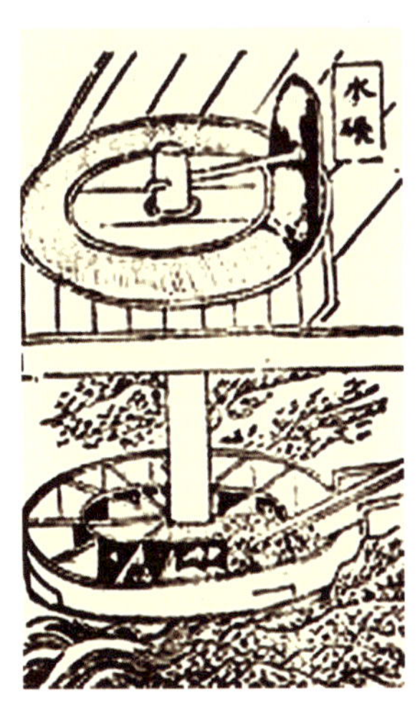

图 95.1

元代王祯《农书》对水磨的传动方式有详细记载。其水力传动部分有卧轮式和立轮式两种。一个立轮带动两磨的称为立轮连两磨（图 95.2）。最多的有一个立轮带动三个齿轮，每一个齿轮带动一盘大磨，大磨再各带动两盘小磨，合计一个立轮带动九盘磨，称水转连磨。还有两船并联，中间安置立轮，两船各置一磨者，称活法磨，唐代又称浮磑，后代又叫船磑。北宋中央政府专设水磨务，隶属于司农寺。古代水砻、水碾的传动装置与水磨类似。砻是用来破除谷壳者，砻的上盘较磨轻，可与磨互换，多用木石料制成（图 95.3）。碾有碾盘，是用来碾细米去除米糠者。一个水力装置同时带动磨、砻、碾者，王祯称它为水轮三事。

图 95.2

我国利用水力推磨的历史相当长，魏晋南北朝时期已见记载。《南史·祖冲之传》中说："于乐游苑造水碓、磨，武帝亲自监视。"《魏书·崔亮传》亦说："亮在雍州读杜预传，见其为八磨，嘉其有济时用，……及

为仆射，奏于张方桥东堰谷水碾磨数十区，其利十倍，国用便之。"到了唐代，水碓、水磨更广为应用，甚至推广到了我国西藏地区。据《旧唐书·吐蕃传》记载，文成公主入藏时，命工匠教藏人在小河上安装水磨。……松赞干布并向唐朝政府请派工人到西藏以推广碾硙。从王祯《农书》的记载来看，公元6世纪初仅洛阳谷水上就有水碾磨数十座，唐中期郑白渠上有许多碾硙。天宝时(742—756年)长安西北沣河上曾立5轮水碾，每天破麦300斛，约合今180石。北宋开封附近有不少大规模官办磨茶水磨，还在今鲁、豫、皖等地修建茶磨。绍圣四年(1097年)在开封南长葛等处增建水磨260所。元代南方各省也有茶磨。

图95.3

开元年间，唐玄宗励精图治，提倡俭朴节约，政治开明，经济繁荣，国泰民安。但随着玄宗在位日久，他开始厌恶敢于直谏的张九龄，而信任善于拍马逢迎的李林甫，并且耽于享乐，沉湎女色。王公贵族们上行下效，奢侈成风。据《开元天宝遗事》等书记载，宁王、申王等人，都穷奢极欲。李林甫本人之奢侈也达到无以复加的地步。《旧唐书·李林甫传》曰："林甫京城邸第，田园水碾，利尽上腴。城东有薛王别墅，林亭幽邃，甲于都邑，特以赐之，及女乐二部，天下珍玩，前后赐与，不可胜纪。宰相用事之盛，开元已来，未有其比。"说明当时私人家里亦有水碾，是一种广泛使用的工具。

96. 水轮大纺车

水轮大纺车，是中国古代的水力纺纱机械，王祯在《农书》中称之为水转纺车（图96.1）。水轮大纺车的原动机构为一个直径很大的水轮，水流冲击水轮上的辐板，带动大纺车运行。大纺车上锭子数多达几十枚，加捻和卷绕同时进行，具备了近代纺纱机械的雏形，一昼夜可纺纱100多斤，比西方水力纺织机械约早出现400多年。图96.2为水转大纺车复原图。

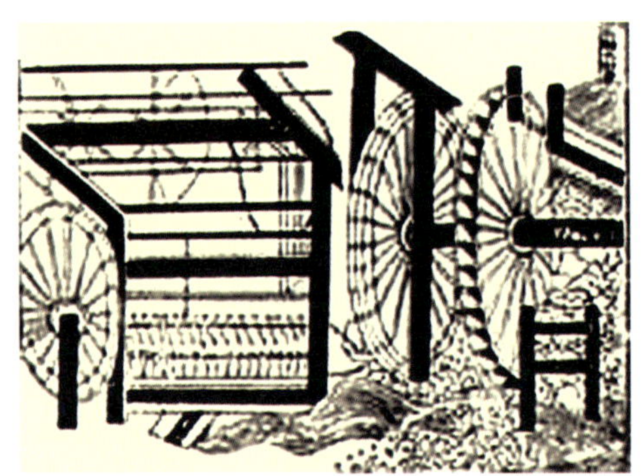

图96.1

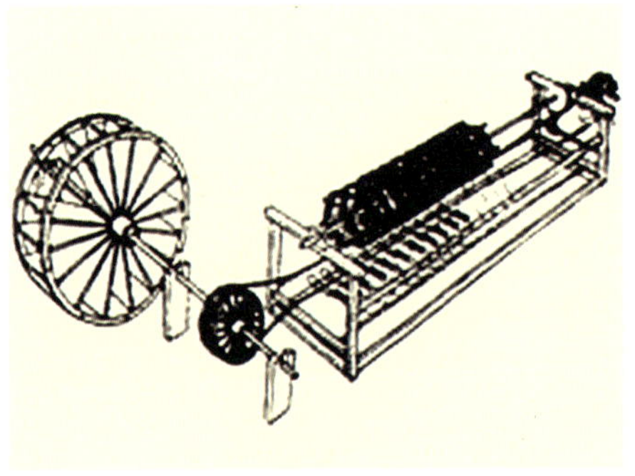

图96.2

水轮大纺车发明于南宋后期，元代盛行于中原地区，是当时世界上最先进的纺纱机械。大纺车专供长纤维加拈，主要用于加工麻纱和蚕丝。麻纺车较大，全长约 9 米，高 2.7 米左右。它与人力纺车不同，装有锭子 32 枚，结构比较复杂和庞大，有转锭、加拈、水轮和传动装置等四个部分。用两条皮绳传动使 32 枚纱锭运转。水转大纺车是中国古代纺织机械方面的一个重大成就。

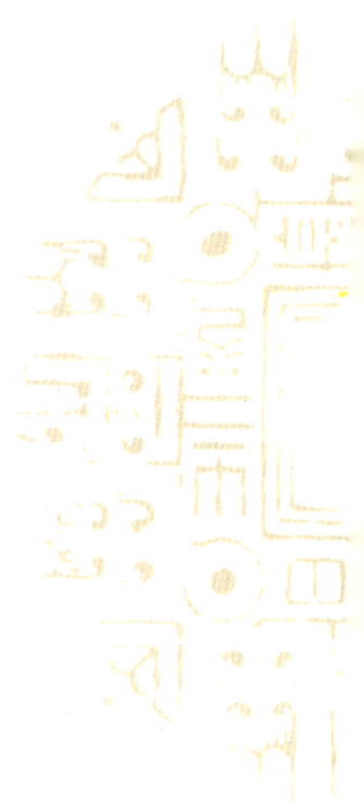

97. 水运浑象

水运浑象，我国古代科学家张衡制作的天文观测仪器，以水为动力。

据《晋书·天文志上》载："至顺帝时，张衡又制作浑象，具内外规、南北极、黄赤道，列二十四气、二十八宿中外星官及日月五纬，以漏水转之于殿上，星中、出、没与天相应，因其关戾，又转瑞轮蓂荚于阶下，随月虚盈，依历开落。"从上述记载看，张衡水运浑象所包含的内容是相当丰富的。图 97.1 为水运浑象示意图。

图 97.1

水运浑象最重要的创造性，是浑象以漏水为动力的自动运转机制和自动启落的机械日历机制，因为它们是后世得到进一步发展的机械天文钟的鼻祖。它所采用的漏壶的形制，有如下记述："以铜为器，再叠差置，实以清水，下各开孔，以玉虬吐漏水入两壶，左为夜，右为昼"，又"铸金铜仙人，居左壶；为胥徒，居右壶"，皆以"左手抱箭，右手指刻，以别天时早晚"（《初学记》

卷25)。由于水运浑象必须均匀地旋转,对于漏水的流量,则要求在单位时间内必须相同,当时已有的单壶泄水型漏壶不能满足这一设计要求,所以需要设计新型的漏壶。上述记载所描绘的正是一种补偿式受水型新漏壶。以这种漏水作为动力,自然能基本上保证水运浑象的均匀旋转。这种新漏壶的设计,在我国古代漏壶发展史上占十分重要的一页,它为后世具有多级补偿功能的补偿式漏壶的出现,开拓了道路。

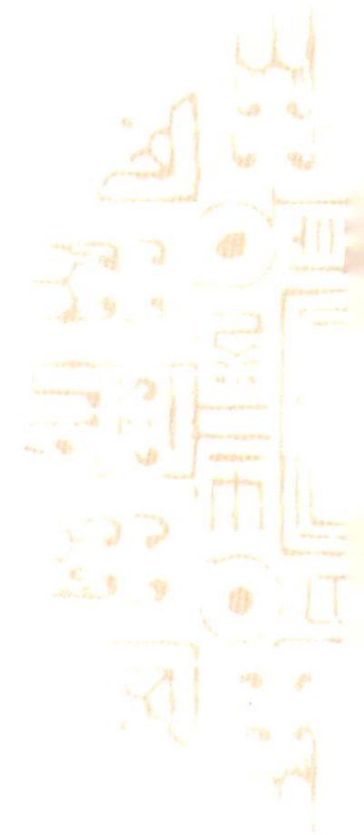

98. 刻漏

刻漏，我国古代利用水的流动来计量时间的一种仪器，又称漏刻、漏壶、浮漏。漏，是指漏壶；刻，是指刻箭。箭，则是标有时间刻度的标尺。

刻漏是以壶盛水，利用水均衡滴漏原理，观测壶中刻箭上显示的数据来计算时间。刻漏的工作过程是由求壶向复壶供水，复壶侧壁上部有一支管，当水面超过时，多余的水从上支管溢出，流往废壶，使复壶内水的高度保持不变。复壶因此以均匀不变的速度滴漏。滴漏出的水流进箭壶，使箭壶内的箭舟不断浮起，箭舟上的漏箭伸出壶盖，露出刻度，标示出时间。

在机械钟表传入中国之前，刻漏是我国使用最普遍的一种计时器。刻漏主要有泄水型和受水型两类。早期的刻漏多为泄水型。水从漏壶底部侧面流泄，使浮在漏壶水面上的漏箭随水面下降，由漏箭上的刻度指示时间。后来创造出受水型，水从漏壶以恒定的流量注入受水壶，浮在受水壶水面上的漏箭随水面上升指示时间，提高了计时精度。为了获得恒定的流量，首先应使漏壶的水位保持恒定。其次，向受水壶注水的水管截面面积必须固定，水管采用“渴乌”(虹吸)原理，便于调整和修理。有两种保持水位恒定或接近恒定的方法，均见于宋代杨甲著《六经图》(刊于1153年)中的“齐国风挈壶氏图”(图98.1)。图中“唐制吕才(约公元600—650年)定”刻漏是在漏壶上方加几个补偿壶，“今制燕肃(1030年)定”刻漏采用溢流法，多余的水由平水壶(下匮)通过竹注筒流入减水盎。燕肃创制的漏壶叫莲花漏，北宋时曾风行各地。图98.2为1976年内蒙古自治区伊克昭盟杭锦旗出土的青铜漏壶，该刻漏最为完整，

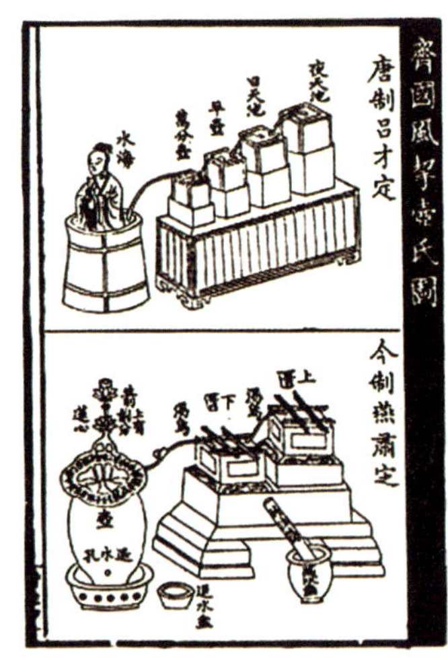

图 98.1

图 98.2

刻有明确纪年，为受水型。历代刻漏都用曲颈龙头，水流不畅，还容易折损。宋代沈括把它改为直颈。流水的侧管原先都用铜制，沈括改为玉制，避免铜锈蚀而生成铜绿污染水质、堵塞漏孔。经过沈括改进的浮漏，水流畅通，计时准确，经久耐用。

我国人民早在远古时期就发明创造了计时器。最初是用立竿见影的方法计时的，这种仪器叫圭表，也叫土圭。表是直立在地面上的标竿，长八尺至一丈，圭是在表下端南北方向的水平尺。圭表多以铜或石制造。随着天文历法的进步，以及日常工作和生活的需要，到了战国时期，人们创造了铜壶滴漏。刻漏的最早记载见于《周礼》，已出土的文物中最古老的刻漏是西汉遗物，共 3 件。作为计时器，刻漏的使用比日晷更为普遍。我国现在保存最大和最完整的古代计时器，是元朝广州拱北楼上的铜壶滴漏。据《广州府志》记载，这个漏壶为元朝延祐三年(1316年)，广州冶铸工人冼运行等人制造。共四个壶，“大者高六尺，余三者递减一尺”，分为四层：第一层为“日天壶”，第二层为“夜天壶”，第三层为“平水壶”，第四层为“受水壶”。水从上面的壶里次第注入第四壶，第四壶设有铜尺，上刻有十二时辰，壶中的浮箭随水位提高逐渐上升，指明时刻。昼漏卯时一刻(5 时 15 分)上水，夜漏酉时一刻(17 时 15 分)上水。

我国古代诸多文人骚客留下了许多有关刻漏的富有诗情画意的章句，如唐代李贺诗：“似将海水添宫漏，共滴长门一夜长。”宋代苏轼诗：“缺月挂疏桐，漏断人初静。”令人无限遐想。

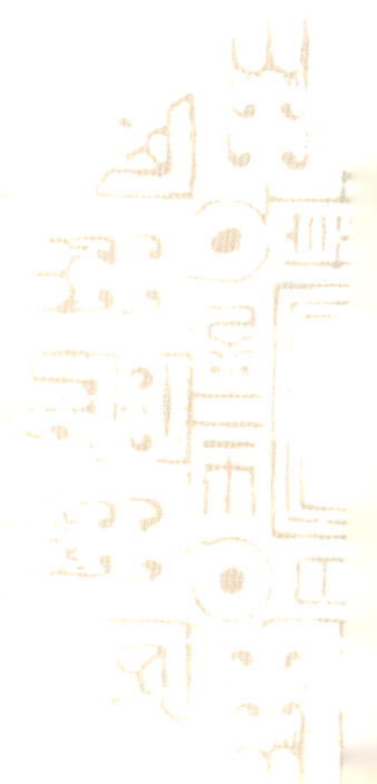

99. 水转百戏

水转百戏，三国时人马钧研制成功的木偶玩具。它用木头制成原动轮，以水力推动，通过齿轮传动、旋转，带动上层所陈设的木人动作。

三国时期，有人送给魏明帝曹睿一个木制玩具，上面有百戏（古代杂技）的造型，形象优美，制作精巧。但是，这些小模型都是固定的，不会活动。马钧对玩具进行了改制，他用木头做了一个大原动轮，平放在地上，用水力驱动，原动轮便能带动百戏的模型活动起来，变得非常热闹："设为女乐舞象，至令木人击鼓吹箫；作山岳，使木人跳丸掷剑，缘絙倒立，出入自在；百官行署，舂磨斗鸡，变巧百端。"并且这些木人出入自由，动作极其复杂，巧妙程度是原来的百戏木偶无法比拟的。"水转百戏"的研制成功，在我国古代木偶艺术中，应该说是非常卓越的创造。它虽然是供封建统治者玩乐的东西，但从另一方面看，马钧已能熟练掌握和巧妙利用水力和机械传动的原理，它所达到的机械水平，是十分高超的。

中国木偶艺术，古称傀儡戏，源于汉，兴于唐，是中国艺苑中一枝独秀的奇葩。汉代（前 206—220 年），已有"作傀儡"（《后汉书·五行志》）的记载，三国（公元 220—265 年）时马钧的"水转百戏"显然是对汉代人戏的模仿；北齐（公元 550—577 年）时水动的"机关木人"制作，技艺高超，表演形式和内容渐丰；隋代（公元 581—618 年）出现"水饰"艺术。此后，逐渐演化为"水傀儡"。但是，宋代的水傀儡已非靠水力使木偶活动，而是由艺人直接操纵木偶在水面上表演特定故事情节的木偶艺术。这种表演一般在小船上进行，据《东京梦华录·驾幸临水殿观争标锡宴》载："有一小船，上结小彩楼，下有三小门，如傀儡棚，正对水中。乐船上参军色进致语，乐作，彩棚

图 99.1

中门开，出小木偶人，小船上有一白衣垂钓者，继有木偶筑球舞旋之类，亦各念致语，唱和，乐作而已，谓之‘水傀儡’。”图 99.1 为水傀儡表演模拟图。

至明代，则改用方水池作舞台，表演的内容更富于故事性。刘若愚在《明宫史》中描述水傀儡戏的制作，指出水傀儡是用轻木雕成约 2 尺高的偶人，只有上身，无腿足。每个偶人底部安一卯榫，用长约 3 尺的竹板承托。再将一个木池内添水 7 分满。水内放以活鱼虾及萍藻。隔以纱帐，操纵之人便在围屏之内，在屏下游移动转。明人曹静照在《宫词》中具体地展示出一幅明代宫中水傀儡演出图：“口敕传宣幸玉熙，乐工先候九龙池。装成傀儡新番戏，尽日开簾看水嬉。”水傀儡一直流传至清代，后逐渐失传。

现在，越南乡村还有水傀儡表演，是越南颇具特色的传统民间舞台戏，通常都在池畔上表演。水傀儡戏偶平均约 40 厘米高，主要由质轻的木料刻制而成。一般于年节庙会或村里有喜事时上演，表演台是在水面上搭一座红瓦砖顶的小水榭，称为“水上神亭”，用一张竹帘从上垂到水面，操纵木偶的演员躲在竹帘背后，木偶则固定在细竹竿的一端，另一端由人操纵，演奏音乐和唱戏或对话的演员则坐在亭子旁边。木偶戏在演出过程中，表演者必须长时间浸泡于水中，利用其强劲的臂力及纯熟的控绳技巧，让玩偶活灵活现地表演节目。图 99.2 为艺术家在讲解水上木偶演出技巧。

图 99.2

100. 水烟壶

水烟壶，又称水烟袋、水烟筒、水烟管，是一种使烟雾从水中通过再吸入口中的烟具。清代中前期，水烟从西亚流经中亚传入我国西北，乾隆后期渐入中原。清人黄钧宰于《金壶七墨》中说："乾隆中，兰州别产烟种，范铜为管，贮水而吸之，谓之水烟。"到了道光初年，"盖因今日之吃水烟者遍天下"，艺匠们把中国的民族特色和文化融入到水烟壶中，使之日趋精美。

大多数水烟壶由烟管、吸管、盛水斗、烟仓、手托、通针、镊子以及相关座件构成。烟管一头为烟窝，下连一根细管伸入盛水斗，这一部分往往置于水烟壶前部；吸管一般长 30 厘米左右，也有更长的，位于烟管之后，并列或稍有间隔，上端向后弯曲便于吸烟，下端连接盛水斗。烟管座、吸管、盛水斗多铸成一体。烟仓多为筒形，上配有盖，以防烟丝被污染或风干；手托主要起连接作用，盛水斗、烟仓及通针、镊子座都插在其中。烟管和手托之间的链条也很讲究，一般为铜链、银链，还配有各式小挂件。水烟壶基本定型之后，初以锡制成，后普遍改用白铜，也有以金、银、竹等为原料的。烟嘴是水烟壶上最昂贵的部分，通常以翡翠、玛瑙、琥珀制成，连接部位则用金、银镶嵌，有些还缀以饰物，如铜链、缨络、绣品等。水烟壶初为上层社会、书香世家、乡间殷实人家所用，后来也渐渐走进普通人家。图 100.1 为清白铜景泰蓝花瓶纹水烟壶。

图 100.1

用水烟壶吸烟，烟从水中过，烟味醇和。乾隆中叶刊行的陆耀《烟谱》中提到含水吸烟的情形："又先含水在口，故烟性虽烈而不受其毒。又或以锡盂盛水，另有管插盂中，旁出一管如鹤头，使烟气从水中过，犹闽人先含凉水意。"早期涉及烟草的著作中较

少提及水烟壶，这种独特的烟具很可能是后人模仿口含清水吸烟的原理而创造的。吸食者先装烟丝，口吹纸媒头，一口吸净，接着吹烟灰……使用水烟壶需要把握的细微技巧不少，如给盛水斗上水，只要稍微多一点儿，吸烟时的第一口肯定就是“辣汤”；若少了，又发不出悦耳的“咕咕”声。水烟壶应一日一小洗，五日一大洗。擦拭白铜壶时最好用瓦灰，这样既能把壶擦得晶莹雪亮，又不致损伤精致的镂刻纹饰。此外，冬、夏季节需为水烟壶的手托套上托套，托套夏天用竹丝或龙须草编织，以防手汗浸蚀烟壶；冬天用绒线编织，以免烟壶冰手。

20 世纪四五十年代，民间曾流行一种新式水烟壶。这种水烟壶吸管有六节套，管型微弧，可伸可缩，伸长后近 150 厘米，缩短后仅 30 厘米。其盛水斗部分似一个茶碗(内装水)，重约 1 公斤。当时，有人用这种自备的水烟壶从事服务行业，在有钱人家举行婚礼、祝寿或会馆集会时用以敬烟，招待来宾，人们俗称这类服务人员为“烟袋客”。“烟袋客”在为客人敬烟时，预先装好烟丝，蹲在客厅中间，把烟管拉长，按座次顺序送到客人面前，待客人用手握住烟管拉向嘴唇时，随即吹燃纸媒点火。图 100.2 为吸食水烟者。

图 100.2

在水烟流行的年代，竹质水烟壶常常由吸烟者就地取材制作而成，而铜质水烟壶多由专门的作坊制作。从存世的水烟壶看，清朝末年至民国初年，广东、浙江、苏州、上海、汉口等地出产的水烟壶甚为盛行，尤以广东十八铺和湖北汉口的产品最负盛名。民国中后期，卷烟开始占据城市及上层社会的吸烟领地，水烟壶的制作渐趋衰微。至新中国成立前后，水烟壶基本退出了烟具舞台。如今，水烟壶已经很少见，但在云贵地区的边远山寨仍然较多，历时约 200 年的水烟壶进入了人们的收藏视野。

参 考 文 献

1. 袁珂. 山海经校注. 上海:上海古籍出版社,1980.
2. 程俊英. 诗经译注. 上海:上海古籍出版社,1985.
3. 郦道元著,陈桥驿点校. 水经注. 上海:上海古籍出版社,1990.
4. 谢浩范,朱迎平. 管子全译. 贵阳:贵州人民出版社,1996.
5. 张含英. 明清治河概论. 北京:中国水利电力出版社,1986.
6. 周魁一等注释. 二十五史河渠志注释. 北京:中国书店,1990.
7. 姚汉源. 中国水利史纲要. 北京:中国水利电力出版社,1987.
8. 黄河水利委员会. 黄河水利史述要. 北京:中国水利电力出版社,1984.
9. 水利部淮河水利委员会. 淮河水利简史. 北京:中国水利电力出版社,1990.
10. 珠江水利委员会. 珠江水利简史. 北京:中国水利电力出版社,1990.
11. 水利部太湖流域管理局. 太湖水利史稿. 南京:河海大学出版社,1993.
12. 郑连第. 中国水利史小丛书·古代城市水利. 北京:中国水利电力出版社,1985.
13. 汪家伦. 中国水利史小丛书·古代海塘工程. 北京:中国水利电力出版社,1988.
14. 郑连第. 灵渠工程史述略. 北京:中国水利电力出版社,1986.
15. 向柏松. 中国水崇拜. 上海:上海三联书店,1999.
16. 张耀南,吴铭能. 水文化. 北京:中国经济出版社,1995.
17. 吴裕成. 中国的井文化. 天津:天津人民出版社,2002.
18. 水利部黄河水利委员会编. 黄河河防词典. 郑州:黄河水利出版社,1995.
19. 丁文剑. 建筑环境与中国居家理念. 上海:东华大学出版社,2005.
20. 许蓉生. 水与成都—成都城市水文化. 成都:四川出版集团巴蜀书社,2006.
21. 顾浩. 中国治水史鉴. 北京:中国水利水电出版社,1997.
22. 段天顺,李永善. 水和北京:北京历代咏水诗歌选. 北京:中国水利水电出版社,2006.
23. 靳怀春. 中华文化与水. 武汉:长江出版社,2005.

24. 中国水利文学艺术协会编. 中华水文化概论. 郑州：黄河水利出版社，2008.
25. 张国华，左玉河等. 图说中国文化—器物卷. 长春：吉林人民出版社，2007.

「后记」

为了弘扬中国传统文化，挖掘发展中华水文化，河海大学结合自身的办学特色，在开展水文化研究的基础上，组织编写了《水文化教育丛书》。丛书的根本要旨，在于通过水文化知识的普及和教育，提高人们对水的战略地位的认识，以带动全社会水意识的觉醒和提升；教育人们树立科学发展的水利观，以增强对水的忧患意识；培养人们爱水、节水、护水、亲水的情怀，以养成良好的水文化行为习惯；帮助人们提升水利工程建设中的文化自觉性，以确立人水和谐的科学发展理念。

《丛书》分为10个分册，分别为：《100条江河湖泊》，主编：吴胜兴，副主编：顾圣平、贺军；《100座城市与水》，主编：郑大俊，副主编：刘兴平、钱恂熊；《100项水工程》，主编：吴胜兴，副主编：沈长松、孙学智；《100例水灾害》，主编：颜素珍，副主编：唐德善、汤鸣鸿；《100位水利名人》，主编：王如高，副主编：刘春田、陈家洋；《100首水歌曲》，主编：蔡正林，副主编：刘兴平、沈俐；《100种水用具》，主编：王培君，副主编：戴玉珍、贺杨夏子；《100处水景观》，主编：蒲晓东，副主编：张彦德、潘云涛；《100篇咏水诗文》，主编：尉天骄，副主编：林一顺；《100个水传说》，主编：张建民，副主编：莫小曼、郑如鑫。

《丛书》封面上"水文化"三个字由水利部原副部长敬正书同志题写。在《丛书》的编写过程中，为了充分反映不同时期有关水文化的经典之作，各分册的编写人员通过多种途径，参阅和收集了大量的文献资料。这些文献资料对于进一步传播、发展和弘扬水文化，进一步提升人们的水文化素养具有重要价值。在此，我们对这些文献资料的奉献者表示衷心的感谢。

与此同时，我们还要说明的是，《丛书》各分册选列的是主要参考文献，未能详尽所有文献，在选引中也会有遗漏不全之处，亦敬请各位作者谅解。